石油百科（开发）

# 试 油 工 程

主　编：蒲春生

副主编：于乐香　吴飞鹏　郑黎明　景　成

U0298853

石油工业出版社

**图书在版编目（CIP）数据**

石油百科.开发.试油工程/蒲春生主编.—北京：
石油工业出版社，2023.5

ISBN 978-7-5183-5882-3

Ⅰ.①石… Ⅱ.①蒲… Ⅲ.①石油开采–基本知识②
试井–基本知识 Ⅳ.①TE

中国国家版本馆CIP数据核字（2023）第030643号

石油百科（开发）·试油工程
Shiyou Baike（Kaifa）·Shiyou Gongcheng

---

出版发行：石油工业出版社
　　　　　（北京安定门外安华里2区1号　100011）
　　　　　网　　址：www.petropub.com
　　　　　编辑部：（010）64523760　　图书营销中心：（010）64523633
经　　销：全国新华书店
印　　刷：北京中石油彩色印刷有限责任公司

---

2023年5月第1版　2023年5月第1次印刷
710×1000毫米　开本：1/16　印张：14.25
字数：280千字

---

定价：200.00元
（如出现印装质量问题，我社图书营销中心负责调换）

# 《中国石油勘探开发百科全书》
## 总编委会

主　　任：刘宝和

常务副主任：沈平平　魏宜清

副　主　任：贾承造　赵政璋　袁士义　刘希俭　白泽生　吴　奇
　　　　　　赵文智　李秀生　傅诚德　李文阳　丁树柏

委　　员：（按姓氏笔画排序）
　　　　　马　纪　马双才　马家骥　王元基　王秀明　石宝珩
　　　　　田克勤　刘　洪　齐志斌　吕鸣岗　余金海　吴国干
　　　　　张　玮　张　镇　张卫国　张水昌　张绍礼　李建民
　　　　　李秉智　宋新民　汪廷璋　杨承志　邹才能　陈宪侃
　　　　　单文文　周　虬　周家尧　孟慕尧　岳登台　金志俊
　　　　　咸玥瑛　姜文达　禹长安　胡永乐　胡素云　赵俭成
　　　　　赵瑞平　秦积舜　钱　凯　顾家裕　高瑞祺　章卫兵
　　　　　蒋其垲　谢荣院　潘兴国


主　　编：刘宝和

常务副主编：沈平平　魏宜清

副　主　编：张卫国　孟慕尧　高瑞祺　潘兴国　单文文

## 学术委员会

主　　任：邱中建

委　　员：（按姓氏笔画排序）
　　　　　王铁冠　王德民　田在艺　李庆忠　李德生　李鹤林
　　　　　苏义脑　沈忠厚　罗平亚　胡见义　郭尚平　袁士义
　　　　　贾承造　顾心怿　康玉柱　韩大匡　童晓光　翟光明
　　　　　戴金星

秘　书　长：沈平平

副秘书长：傅诚德

能源安全是关系国家经济社会发展的全局性、战略性问题，对国家繁荣发展、人民生活改善、社会长治久安至关重要。党的十八大以来，习近平总书记提出"四个革命、一个合作"能源安全新战略，为我国新时代能源发展指明了方向，开辟了能源高质量发展的新道路。

能源是国家经济、社会可持续发展最重要的物质基础之一，当前全球能源发展处于从化石能源向低碳的可再生能源及无碳的自然能源快速转变的过渡期，能源结构呈现出"传统能源清洁化，低碳能源规模化，能源供应多元化，终端用能高效化，能源系统智能化，技术变革全面化"的总体趋势。尽管如此，油气资源仍是影响国家能源安全最敏感的战略资源。随着我国经济快速发展，油气对外依存度不断加大，2021年已分别达到72.2%和46.0%。因此，大力提升油气勘探开发力度和加强天然气产供储销体系建设，关系到国家能源安全和经济社会稳定发展大局，任务艰巨、责任重大。

近年来，随着油气勘探开发理论与技术的进步，全球油气勘探开发领域逐渐呈现出向深水、深层、非常规、北极等新区、新领域转移的趋势。中国重点含油气盆地面临着勘探深度加大、目标更为隐蔽、储层物性更差、开发工程技术难度增加等诸多挑战。因此，适时地分析总结我国在油气勘探、开发和工程技术等方面的新理论、新技术、新材料以及新装备等，并以通俗易懂的百科条目形式使之广泛传播，对于提升广大石油员工科学素养、促进石油科技文化交流、突破油气勘探开发关键技术瓶颈等方面意义重大。《石油百科（开发）》共10个分册，是在2008年出版的《中国石油勘探开发百科全书》基础上，通过100多位专家学者的共同努力，按照《开发地质》《油气藏工程》《钻完井工程》《采油采气工程》《试井工程》《试油工程》《测井工程》《储层改造》《井下作业》和《油气储运工程》10个专业领域分册，对油气勘探开发理论、技术、工程等方面进行了更加全面细致的梳理总结，知识体系更加完整细化，条目数量大幅度增加，并适当调整了原有条目内容和纂写形式，进一步完善并总结了当前在非常规与深水深地油气等储层勘探开发新进展，增加了更多的原理或示意插图，使词条描述更加清晰易懂，提高了词条描述的准确性与可读性，拓宽了百科全书读者范围，充分满足了基层石油工人、工程技术人员、科研人员以及非石油行业读者的查阅需要。《石油百科（开发）》的编纂出版，提升了《全书》内容广泛性与实用性，搭建了石油科技文化交流平台，推动了油气勘探开发技术创新，是我国石油工业进入勘探开发瓶颈期的一项标志性石油出版工程，影响深远。

当前，我国油气资源勘探开发研究虽取得了重大进展，但与国外先进水平仍有一定差距。习近平总书记站在党和国家前途命运的战略高度，做出大力提升油气勘探开发力度、保障国家能源安全的重要批示，为我国石油工业的发展指明了方向。我们要高举中国特色社会主义伟大旗帜，继承与发扬石油工业优良传统，坚持自主创新、勇于探索、奋发有为，突破我国石油勘探开发领域"卡脖子"的技术难题，为实现中华民族伟大复兴中国梦贡献更大的石油力量。中国的石油工业任重而道远，这套《石油百科（开发）》的出版必将对中国石油工业的可持续发展起到积极的推动作用。

中国工程院院士　胡文瑞

　　《中国石油勘探开发百科全书》（包括综合卷、勘探卷、开发卷和工程卷，简称《全书》）于 2008 年出版发行，《全书》出版后深受读者欢迎，并且收到不少读者的反馈意见。石油工业出版社根据读者的反馈意见以及考虑到《全书》已出版十几年，随着油气勘探开发理论与技术不断创新、发展，涌现了大量的新理论、新技术、新材料以及新装备，经过调研以及和有关专家研讨后决定在《全书》的基础上按专业独立成册的方式编纂《石油百科（开发）》。

　　《石油百科（开发）》包括《开发地质》《油气藏工程》《钻完井工程》《采油采气工程》《试井工程》《试油工程》《测井工程》《储层改造》《井下作业》和《油气储运工程》10 个分册，总计约 6500 条条目，主要以《全书》工程卷和开发卷为基础编纂而成。和《全书》相比，《石油百科（开发）》具有如下特点：《石油百科（开发）》每个专业独立成册，做到专业针对性更强；《全书》受篇幅限制只选录主要条目，而《石油百科（开发）》增补了大量条目（增加一倍以上），尽量做到能够满足读者查阅需求，实用性更强；《石油百科（开发）》增加了大量的图表，以增加阅读性；有针对性地增加了非常规、深水深地以及极地油气等难动用储层勘探开发理论与技术的条目。

　　百科全书的组织编纂是一项浩繁的工作。2016 年 11 月，石油工业出版社在山东青岛中国石油大学（华东）组织召开了《石油百科（开发）》编纂启动会，成立了由 30 多位专家教授组成的编委会，全面展开《石油百科（开发）》编纂工作。为了使《石油百科（开发）》的撰写、审稿和编辑加工能按统一标准规范进行，石油工业出版社组织编印了《石油百科编写细则》，之后又先后编印了《石油百科编写注意事项》《石油百科·编辑要求》，推动了各分册工作的顺利进行。

　　《石油百科（开发）》由中国石油大学（华东）蒲春生教授牵头，由陈明强、何利民、李明忠、廖锐全、范宜仁、步玉环、国景星、尹洪军教授分别担任 10 个分册的主编。在编纂过程中，采取主编责任制，每个分册主编挑选 3~4 名参编人员作为分册副主编，组成编写小组。2017—2020 年期间，编委会每年定期召开两次编审讨论会，对《石油百科（开发）》各分册的阶段初稿进行研讨，及时解决撰写过程中遇到的困惑和难点，使《石油百科（开发）》的编纂工作得以顺利进行。经过全体编写人员的共同努力和辛勤工作，于 2020 年 6 月完成了《石油百科（开发）》的初稿，并由石油工业出版社责任编辑进行了初审，专家组成员对《石油百科（开发）》初稿进行了仔细、认真地审阅，并提出了许多十分宝贵的修改意见和指导性建议。在此基础上，结合专家审阅意见，各分册编写小组进行了最后修改完善与提升，陆续完成了《石油百科（开发）》终稿，编纂经历了近 4 年时间。

为了确保条目的准确性和权威性，由中国科学院和中国工程院石油勘探、开发、工程方面的院士及资深专家组成《石油百科（开发）》专家组，对《石油百科（开发）》各分册框架及条目进行了认真的审核，在此表示诚挚的谢意！

《石油百科（开发）》涉及内容广泛，参加编写人员众多，疏漏之处在所难免，敬请读者批评指正。

《石油百科（开发）》编委会

# 凡　例

1.《石油百科（开发）》是在《中国石油勘探开发百科全书》（简称《全书》）开发卷和工程卷的基础上编纂而成，增加了大量条目和对原来条目进行修改完善。

2.《石油百科（开发）》按专业独立成册，包括《开发地质》《油气藏工程》《钻完井工程》《采油采气工程》《试井工程》《试油工程》《测井工程》《储层改造》《井下作业》和《油气储运工程》10个分册。分册之间的交叉条目，在不同分册各自保留，释文侧重本专业内容。

3. 条目按照学科知识体系分类排列，正文后面附有条目汉语拼音索引。条目是本书的主体，是供读者查阅的基本单元，可以通过"条目分类目录"和"条目汉语拼音索引"进行查阅。

4. 条目一般由条目标题（简称条头）、与条头对应的英文、条目释文、相应的图表和作者署名等组成。有些条目提供了推荐书目，读者可以进一步阅读相关内容。

5. 作者署名原则为：完全采用《全书》的条目其署名为原条目作者；对《全书》条目修改的其署名为原条目作者和修改作者；新增加条目其署名为条目撰写作者。

6. 条目内容涉及其他条目，或与其他条目互为补充时，本书提供了"参见"方式，在正文中用蓝色楷体标出，方便读者查阅相关知识。

7. 当一个条目有多种叫法时，在正文中用"又称××"表示，并用斜体标出。又称条目收录到"条目汉语拼音索引"中，并且用楷体加"*"标出。

# 总 目 录

# 条目分类目录

## 试油工艺

# 特殊井试油作业

# 试 油 资 料

# 试油（气）设备

# 试油工艺

....

【试油工程 oil production test engineering】 探井钻井中和完井后，为取得油气储层压力、产量、流体性质等所有特性参数，满足储量计算和提交要求的整套资料录取和分析处理解释的全部工作过程。试油（气）是寻找油气田，直接了解地下情况的最直接手段，是最终确定一个构造或一个圈闭是否有油气藏存在和油气藏是否具备开采价值的依据，是油气勘探取得成果的关键，同时也是为开发提供可靠数据依据的重要环节。不同的试油井包含的试油（气）工艺、试油（气）工序不尽相同。正常试油井的主要工序为：开工准备、通井、洗井、试压、射孔、诱喷、地层测试、求产、油气水分析、油（气）层封隔和试油封井。

发展简史　20世纪70年代末期以前，中国试油（气）技术基本仿照苏联的试油工艺方法，习惯上称为常规试油方法。一般通过射孔、替喷、诱喷等多种方式，使地层中的流体（包括油、气和水）进入井筒，流出地面。诱导油流的一整套工艺过程将取得地层流体的性质、各种流体的产量、地层压力及流体流动过程中的压力变化等资料，并通过对这些资料的分析和处理获得地层的各种物性参数，对地层进行评价。20世纪70年代末期以后，引进了以地层测试和测试资料处理解释软件为主的，同时包括油管传输负压射孔、油气水三相分离计量系统、电缆桥塞封隔等一系列技术。地层测试和测试资料处理解释技术能直接取得或计算出地层和流体的特性参数，并且测试时间短、效率高、见效快，资料准确可靠、资料质量无人为因素的影响，可以从动态角度，直接录取油气藏生产状态下的参数。针对中国油气藏的地质条件，将这些技术与常规试油方法相结合，形成了符合中国实际情况的试油（气）工程——科学试油（气）系统工程。

主要内容　包括10个方面：（1）钻井中途测试技术；（2）优质试油压井液、射孔液；（3）油管传输射孔技术；（4）地层测试技术；（5）地层测试与油管传输负压射孔联作技术；（6）水力泵、螺杆泵、液氮及抽汲排液求产技术；

（7）地面油气水分离计量技术；（8）电缆与机械桥塞封隔油层技术；（9）储层措施改造技术；（10）测试资料处理解释技术。

**钻井中途测试技术** 在钻井过程中应用中途测试技术，可及时取得油气层的压力、流体性质、产量等重要地层参数，及时发现油气层，加快勘探开发进程。针对不同的储层应采用不同的测试工具和技术，由于安全等方面的原因，裸眼测试相对较少，常用支撑式的 MFE 测试工具及膨胀式测试工具。为确保安全，现场应用中多采用常规测试管柱坐封套管测试裸眼的方法。

**优质试油压井液、射孔液** 为避免在试油（气）工程中二次伤害油气层，在岩心分析化验和配伍性实验的基础上，应针对不同的储层开发研制不同的试油压井液、射孔液。主要有无固相清洁盐水类压井液、射孔液，阳离子聚合物类压井液、射孔液，有机盐类压井液、射孔液，暂堵性聚合物类压井液、射孔液。而油基和泡沫类压井液、射孔液极少应用。

**油管传输射孔技术** 常用的油管传输射孔技术为负压射孔、超正压射孔、复合射孔，其中大量使用的油管传输负压射孔技术可在负压条件下射开储层，避免二次伤害油气层，适合在定向井、高压油气井、稠油井使用。

**地层测试技术** 通过一套井下测试工具实现开关井操作，由测试工具携带的压力温度记录仪和温度记录仪记录井下压力、温度变化，从而直接取得或计算出地层和流体的特性参数，达到评价油气藏的目的。针对不同的井及储层应采用不同的测试工具和技术，主要有 MFE（Multi-Flow Evaluator）及 APR（Annulus Pressure Response）常规测试技术、MFE 及 APR 套管跨隔测试技术、高精度电子压力记录仪地面直读测试技术、高精度电子压力记录仪存储测试技术、测试—酸化—排液—再测试技术。

**地层测试与油管传输负压射孔联作技术** 将地层测试技术与油管传输负压射孔技术组合到一起，一次管柱下井完成射孔、地层测试作业，减少起下管柱次数，缩短试油（气）周期，并具备二者的全部优点，尤其适用于定向井、高压油气井、稠油井的试油（气）。

**水力泵、螺杆泵、液氮及抽汲排液求产技术** 低渗透储层一般要经过改造措施后，才能获得较高的产量。针对不同的井及储层条件采用的排液求产技术主要有抽汲、气举、混气水、水力泵、螺杆泵和液氮等。

**地面油气水分离计量技术** 自动计量油、气、水产量，记录井口、套管环空、油嘴上下方、地面加热器、分离器等各部位的压力、温度，进行多参数曲线同屏显示，资料同步打印和绘图，在压力失控时，自动报警并关闭井口，确保试油（气）过程中安全生产。

**电缆与机械桥塞封隔油层技术** 每一层试油（气）结束后，都要把已试层封隔，以便试下一层或封闭油气井。一般采用注水泥塞封隔已试层，但对高产水层、气层及薄夹层成功率低，且伤害油气层。使用电缆桥塞封隔与机械桥塞封隔油气层，速度快、卡层位置准、不伤害油气层，特别适用于高压油气层、高产水层和薄夹层试油（气）层的封隔。

*储层措施改造技术*  不同的储层改造措施不同。砂岩储层改造措施主要是压裂，碳酸盐岩储层改造措施主要是酸化。

*测试资料处理解释技术*  测试资料处理始于20世纪20年代。20世纪50年代出现了常规试井解释法（半对数方法），70年代随着计算机的广泛使用，特别是高精度电子压力记录仪的研制及使用，地层测试资料处理解释技术有了重大突破，形成了现代试井解释方法（双对数法）。

*成熟配套技术*  试油（气）工程是一项系统工程。随着油气田勘探开发工作的深入，油气藏地质条件越来越复杂，油气勘探开发难度越来越大。低渗透油气藏，深层、高温、高压及含硫化氢油气藏，滩海地区油气藏，复杂岩性天然裂缝油气藏的试油（气）难度也越来越大。针对油气藏不同的储层条件，结合试油（气）工程中各单项技术，形成4项配套技术：（1）低渗透储层试油（气）配套技术；（2）深井、高压及含硫化氢储层试油（气）配套技术；（3）滩海试油（气）配套技术；（4）复杂岩性天然裂缝储层配套试油（气）技术。

*发展方向*  试油（气）技术应在加强同国外先进试油（气）技术引进与交流的基础上，进行如下技术攻关：低渗储层试油（气）试采产能评价技术；深井、高温、高压井试油（气）配套技术；滩海试油（气）试采配套技术；高含硫井试油（气）试采配套技术；试油测试资料解释及储层评价技术；特殊工艺井试油（气）配套技术；试油试采资料现场远程实时传输技术；深井跨隔测试与射孔联作技术；不同射孔完井工艺适应性现场评价技术；射孔器材质量检验及评价技术；环保试油（气）试采技术；井下测试数据无线传输及地面直读技术；定方位射孔技术；水力喷砂射孔技术；全通径测试配套技术；智能测试技术；可取可留式测试配套技术；试油试采资料现场自动采集技术；不压井试油起下钻作业技术。

📝 推荐书目

《试油监督》编写组.试油监督（上）［M］.北京：石油工业出版社，2004.

《试井手册》编写组.试井手册（下）［M］.北京：石油工业出版社，1991.

（张绍礼  蒲春生）

【试油 oil production test】  对可能有油气显示的油气层，利用一套专用的设备和方法，降低井内液柱压力，诱导地层中的流体流入井内，并取得流体产量、压力、温度、流体性质、地层参数等资料的工艺过程。又称油气层测试。

试油是油气勘探、开发系统工程中的关键环节，是发现油气藏、进行油气层定性及定量评价的决定性步骤。通过试油可以证实油气藏是否存在工业开采价值；试油证实地层出油以后录取的油层产量、压力、油气水的物性、温度等资料是建立岩性、电性、物性、含油性"四性"关系的基础，是认识评价油气藏和进行油气藏开发设计的基本依据；通过分层试油，可以取得单层产能、压力、地层渗透性资料，这对层间非均质性认识、开发层系的划分与组合、制订分注分采计划和进行剩余油研究都是极其宝贵的资料。它主要包括对目的层进行射孔、洗井、诱流和测试等。在特殊情况下还需要进行近井地区的处理措施。

试油分为常规井试油、地层测试、稠油井试油、气井试气、特殊井试油、电缆地层测试等工艺。常规井试油是指油井完井后采用以诱导油流方式为主的试油方式。地层测试又称钻杆测试（Drill Stem Testing，DST），是指在钻井过程中（或下套管完井之后），用钻杆（或油管）将地层测试器送入井内，操作测试器开井、关井，对目的层进行测试的工艺。地层测试既可以在钻井中途进行，也可以在完井后进行。电缆地层测试一般是指在裸眼井段下入电缆测试器，在井壁抽取少量地层流体的试油测试。

不同井别的试油目的不同。参数井（区域探井）试油目的：探明新区是否存在油、气，如遇有油气显示情况时，应进行中途试油测试，确定油、气层是否具有工业价值。预探井试油目的：查明新区、新圈闭、新层系是否有工业性油气流，为计算控制储量提供依据。详探井试油目的：探明油气田的含油面积及油水或气水边界，落实油气藏产油、气能力、产能变化规律、驱动类型、压力系统；为计算探明储量和油气藏评价提供依据。要求取准油、气、水产能和性质，以及油气层压力和温度等资料，对测试层位做出正确判断。开发井试油目的：确定油、气、水产能、性质，了解油、气、水边界变化规律。储气库井（已开发过的油气藏）试油目的：确定产能变化规律，了解油、气、水边界变化规律，为供气方案提供依据。

（蒲春生　于乐香）

【**试油工序** oil production test procedure】　一口井试油的工艺顺序。包括通井、洗井、试压、冲砂、射孔、诱喷、求产、测压、压井、封层、资料处理和获取资料等工艺过程。

**通井**　清除套管内壁上黏附的固体物质，如钢渣、毛刺、固井残留的水泥等；检查套管通径及变形、破损情况；检查固井后形成的人工井底是否符合试油要求；调整井内的压井液，使之符合射孔要求。

**洗井**　清除套管内壁上黏附的固体物质或稠油、蜡质物质；调整井内压井液使之符合射孔的要求，防止在地层打开后，污水进入油层造成地层伤害。

**试压**　检验井底、套管、井口装置密封性。

**冲砂**　用泵入井内的压井液，通过在井筒内的高速流动冲散井底沉砂并把砂子带出地面。冲砂方式有正冲砂、反冲砂、正反冲砂、冲管冲砂等。根据井下情况选择合理的冲砂方式。冲砂管柱可用探砂面管柱，下部接笔尖或喇叭口等有效冲砂工具。对于因井下有沉砂未达到人工井底或未达到要求深度的井，应进行冲砂。

**射孔**　用射孔枪射穿油层套管和管外水泥环及近井地层，在地层和井筒之间建立流体通道，保证地层流体进入井筒。射孔方式有电缆射孔、油管输送射孔（投棒、反憋压、压差式）、联作射孔等。

**诱喷**　用一定的技术手段，降低井内液柱压力，在井筒和地层间造成负压，诱使地层流体喷出。方式有替喷和降液面诱喷两种。替喷是指用密度小的压井液替换井筒内密度高的压井液；降液面诱喷是指将井筒内液面，用某种方法经到一定位置，观察油气能否自喷。

**求产**　求得地层流体的日产量。自喷井通过地面分离器计量产量；非自喷井通过测液面恢复产量，也可采用泵排、抽汲（提捞）等。

**测压**　自喷井测取开井井底流压、关井静压及井口油压、套压；了解产层能量大小，并为储层改造提供依据。测地层压力和流动压力必须使用同一支压力计。

**压井**　对非自喷层，洗井落实地层产出油、水量，清洁井筒；对自喷层，洗井兼压井功能，主要是保证下部工作顺利进行，压井应做到"压而不死，活而不喷"。

**封层**　封闭产层，保证该产层不影响下层试油资料。一般有注水泥浆、打桥塞（电缆、油管）、打丢手等。

**资料处理**　试油结束后，要编写单层或单井试油总结报告。单层总结目前采用试油小结形式，主要内容包括：油井及试油层基础数据，现场施工简况，试油成果数据，油气水分析结果，酸化、压裂施工数据，试油结论、评价及建议等。

**获取资料**　通过试油应取得以下几类资料：（1）生产资料，包括原始油藏压力、不同油嘴直径或抽汲深度下的产量、流动压力、含水、含砂、气油比等。根据这些资料可以做出系统试井曲线，油井指示曲线及其流动方程式；（2）测压力恢复曲线；（3）油、气、水性质及高压物性资料。

📝 推荐书目

陈涛平，吴晓东.石油工程概论［M］.北京：石油工业出版社，2006.

（蒲春生　于乐香　吴飞鹏）

【**试油作业 oil production test operation**】 在钻井中或钻井完成之后，对有油气显示的可能油层进行产油气能力、流体性质和油层特征的测试作业。

试油作业目的：证实可能油层的含油性；查明已知油层某些专门问题（如岩性、电性、物性、含油性"四性"关系、剩余油分布等）。

从试油作业环境或条件可分为两个大类：完井试油与中途测试。依据试油作业不同的目的和任务，可以划分为勘探试油与开发试油两个大类。勘探试油的目的重在证实可能油层的含油气性；而开发试油则是研究开发中油层诸如含油下限及动用情况等某些专门的开发问题。

**完井试油** 在发现或钻穿油气层以后，先进行完井（下套管、固井），然后射开目的层，采用油管做油气流出地面的通道，在套管井中或先期完成的裸眼井中进行的试油。

**中途测试** 在钻进中一经发现油气显示以后，立即停钻并下入专门的测试仪器，采用钻杆做油气流出地面的通道，在钻井中途的裸眼井（段）中进行的测试，又称钻柱测试。

**勘探试油** 证实可能油层的含油气性的试油。证实可能油层能出油是勘探试油的基本目的。如果该可能油层能够出油，则可进一步扩大勘探以控制一定的面积与储量；如果该油气层即使经过压裂酸化等强烈的油层改造手段都不出油，则可为该套可能油层划上一个否定的句号。证实可能油层能够出油以后，紧接着就应查明该油层的产油能力并取全取准各项资料，以便对该油层的油藏特征做出评价。

**开发试油** 研究已知油层的特殊问题的试油。研究已知油层的某些特殊问题，是开发试油及某些评价探井试油的又一重要任务，主要有两类问题：

（1）求取油层有效厚度下限。在油藏进行评价勘探与开发准备时，为进行探明储量计算需要求取油层物性、电性、含油性下限，这时就要选择一些录井与测井显示含油性较差的油层进行试油求产，以求得具工业产油能力的油层下限。这时的试油是对已知油层的测试，不存在证实是否是油层的问题。

（2）研究油层动用状况和剩余油分布。在油藏开发到一定时期，为了研究油藏的储量动用情况和剩余油分布情况，需要钻专门的检查井或利用调整井的测井资料进行水淹层测井解释，这些井除应进行目的层的大量取心外，还要进行细致的分层试油以证实各目的层段在开发一定时期后的产量、含水情况，验证检查井岩心分析和水淹层测井解释的结果是否与试油结果相符合。这时的试油是对已开发多年的油层的测试，也不存在证实是否是工业油层的问题。开发试油需要录取的资料包括日产油、气、水量与原油物性资料；井底流压和油层温度；原始地层压力与油层渗透率资料；录取高压物性资料；在有条件时，应进行稳定试井,以求取不同生产压差下的日产油、含油、气油比、流动压力与地层压力资料。

(蒲春生　于乐香)

【油气层伤害 reservoir damage】 钻井、完井、井下作业及油气田开采全过程中,造成油气层渗透率下降的现象。旧称油气层损害。油气层伤害的实质就是渗透率下降。渗透率下降包括绝对渗透率下降(渗流空间的改变)和相对渗透率下降。渗流空间的改变包括外来固相流体侵入、水敏性伤害、酸敏性伤害、碱敏性伤害、微粒运移、结垢、细菌堵塞和应力敏感性伤害;相对渗透率下降包括水锁效应、贾敏效应、润湿反转和乳化堵塞等。

油层伤害主要是储层与外来流体接触后发生速敏、水敏、盐敏、酸敏和碱敏五敏效应,或颗粒堵塞储层孔隙造成的。五敏效应是由储层本身的固有特性决定的,储层的固有特性是造成储层伤害的内因,外来流体的作用是造成储层伤害的外因。

速度敏感性指因流体流动速度变化引起地层中微粒运移、堵塞喉道,造成渗透率下降的现象;水敏感性指与储层不配伍的外来流体进入储层后黏土矿物膨胀、分散运移而导致渗透率下降的现象;盐度敏感性指储层在系列盐水的作用下,黏土矿物水化膨胀而导致渗透率下降的现象;酸敏感性指酸液进入储层后,与酸敏性矿物发生反应,产生沉淀或颗粒,导致渗透率下降的现象;碱敏感性指与储层接触到的工作液具有较高的 pH 值时,高 pH 值的液体进入地层导致地层中黏土矿物和硅质胶结的结构破坏,引起的储层伤害。

(蒲春生　于乐香　吴飞鹏)

【试油油气层保护 hydrocarbon reservoir protection during oil production test】 试油测试施工过程中,对油气层可能受到的伤害而采取的有效保护措施。如果油气层受到严重伤害,会使一些油气层被误认为干层或不具备工业开采价值。此外施工作业过程中,如果油气层受到入井流体的伤害,也导致油气层渗透率、孔隙度、油水饱和度等参数的测井解释精度下降,从而影响油气藏的正确评价和储量的准确计算。

在外界条件影响下油气层内部性质变化造成的,即可以将油气层伤害分为内因和外因。凡是受外部条件影响而导致油气层渗透性下降的内在因素,均属于油气层潜在伤害(内因),包括岩石骨架、孔隙结构、敏感性矿物、岩石表面流体和流体性质。在试油作业时,任何能够引起油气层微观结构或流体状态发生改变,并使油气井产能降低的外部作业条件,均为油气层伤害的外因,主要指入井流体、压差、温度和作业时间等可控因素。

入井流体对油气层的伤害 （1）流体中固相颗粒堵塞油气层造成的伤害。入井流体常含有两类固相颗粒：一类是为保持工作液密度、黏度和流变性等而添加的有用颗粒及桥堵剂等；另一类是有害颗粒及杂质，甚至岩屑、砂子等固相物质及固相污染物质。（2）入井流体与储层岩石不配伍造成的伤害。主要有水敏性伤害、碱敏性伤害、酸敏性伤害及岩石由水润湿变成油润湿引起的伤害。（3）入井流体与地层流体不配伍造成伤害。当入井流体的化学组分与地层流体的化学组分不相匹配时，将会在油气层中引起沉积结垢、乳化堵塞或促进细菌繁殖等，最终影响储层渗透性。（4）入井流体进入油气层影响油水分布造成的伤害。入井水相渗入油气层后，会增加含水饱和度，降低原油饱和度，增加油流阻力，导致油相渗透率降低。根据产生毛细管阻力的方式，可分为水锁伤害和贾敏伤害。

射孔作业对油气层的伤害 射孔施工时，在井筒内有一定数量的液体，即射孔液。当射孔液液柱压力高于地层压力（即正压射孔）时，射孔液将通过射孔孔道进入地层。若进入地层的射孔液与储层不配伍，将会对地层造成一定的伤害。正压射孔有利于增加射孔穿透深度及产生射孔微裂缝，但同时射孔后射孔液流入地层，有可能造成油气层伤害。负压射孔时射孔液进入地层，一般不会造成油气层伤害，且有利于自然解除射孔压实带，但若负压过大，容易引起地层速敏及应力敏感。射孔时可造成孔眼周围的压实伤害，较松软的地层尤其明显。

试油测试及抽汲压差不当对油气层的伤害 （1）微粒运移产生速敏伤害。（2）油气层流体产生无机和有机沉淀物造成伤害。（3）产生应力敏感性伤害。（4）压漏油气层造成伤害。当作业的液柱压力太大时，有可能压开油气层，使大量的作业液漏入油气层而产生伤害。影响这种伤害的主要因素是作业压差和地层性质。（5）引起出砂和地层坍塌造成伤害。当油气层较疏松时，若生产压差太大，可能引起油气层大量出砂，进而造成油气层坍塌，产生严重的伤害。当油气层较疏松时，在没有采取固砂措施之前，一定要控制使用适当的压力进行作业。（6）加深油气层伤害的深度。当作业压差较大时，在高压差的作用下，进入油气层的固相量和滤液量必然较大，相应的固相伤害和液相伤害的程度加深，从而加大油气层伤害的程度。

试油测试作业的油气层保护措施 （1）射孔以后增大压差使其自然解堵，使用深穿透射孔技术，使射孔深度能够穿透伤害带深度。（2）油气层打开以后，洗井参数不当及洗井液质量差可造成油气层伤害。例如，泵压过高使洗井液大量挤入地层或漏入地层。油层保护措施是正确选用洗井方式和参数，尽量使用优质无固相洗井液，尽量减少洗井、压井次数。（3）不恰当的排液强度扰动地层，使疏松地层中的粉砂岩、黏土矿物及各种胶结物微粒运移，不同程度地堵塞地层或导致地层出砂，对于疏松砂岩地层，试油时应采用较小的排液强度，根据产出液中的含砂情况，逐步增加排液强度。（4）尽量缩短试油测试时间，减少可能的油气层伤害。（5）为了减少在更换工序时反复起下管柱，反复压井伤害油气层的机会，采用一次管柱完成多个工序的多功能管柱。

（蒲春生　于乐香　吴飞鹏）

【钻井中途测试 open hole well test】 探井钻进中发现良好的油气显示时，利用地层测试器进行测压、求产、取样，以获得动态条件下的油气层参数的工作。在勘探钻井过程中出现放空、井涌、井漏、录井异常或见到直接油气显示，为了及时准确地对油气层做出评价，立即停止钻进，使用原钻机、钻杆（或电缆）与地层测试工具，对裸眼井段进行储层流体性质、压力、温度、产量等测试后，再继续钻探深部地层。

钻井中途测试有利于及时发现和证实油气层，并防止漏掉油气层。同时，还可以减少下套管的盲目性，提高勘探效益。

（李东平　于庆国）

【完井试油 completed well oil production test】 油（气）井完成钻井工作后进行的试油（气）。目的是落实油气显示层段（系）的产能、流体性质，以发现油气层，证实油气层位及其工业价值，查明油气水层的分布规律和产能变化特征与地层压力的变化趋势，确定油气藏的驱动类型，探明油气边界，圈定含油气面积，为计算油气储量和油藏的早期评价提供资料依据。

主要内容包括：通井、洗井、试压、射孔、诱喷、排液、求产、系统试井、探边测试、测压、取样，以及酸化、压裂、防砂、挤柴油、压井、封层、封井和油气水分析、资料解释处理、油藏评价等。

完井试油（气）一般要求由下而上分层逐段测试。原则上不允许大段混试。

（李东平　于庆国）

【试油准备 preparation for oil production test】 为满足试油（气）施工要求，取全、取准各项地质资料，以及施工人员现场工作和生活需要，使试油（气）施工能够规范有序地进行所做的准备工作。

主要内容包括：（1）井场及道路踏勘；（2）设备、工具及材料准备；（3）设备及流程安装。

井场及道路踏勘　按照作业内容、工艺及设备安装、试油健康安全环保的要求，根据井场、道路的情况对所需的基本生产、生活保障、道路、井场面积和条件进行设计。应了解道路的质量，桥涵承载能力，道路及井场周围的农作物情况，鱼牧养殖情况，民居、学校、工厂情况，潜在的噪声、粉尘、污水、污油、有毒、有害气体的影响和危害，高压线路、通讯电缆、光缆情况。海上作业还应了解水深、航道、港口、渔业、海底管道、电缆、潮汐、季风等情况。

通过井场及道路踏勘，确定最佳的交通运输路线、井场施工方案、各种标识和提示方案，为安全生产及试油健康安全环保提供依据。

设备、工具及材料准备　为试油施工配备工具、设备、材料等。（1）常用设备准备。包括满足施工要求的修井机及辅助设备。主要有液压钳、井口装置、防喷器、储液罐、配浆池、油气水常规分析化验仪器、试油用泵车、野营房、卫生间、计算机、通信办公设备和交通工具等。另外，根据实际情况配备挖掘机、推土机等。（2）地面主要设备准备。包括井口控制头、活动管汇、油气水分离器、地面加热器、计量罐、油嘴、压力表以及配套的地面直读及资料解释设备等。（3）井下主要工具材料准备。包括满足设计要求的足够数量的油管或钻杆、通井规、刮削器、压井液材料、射孔器材、井下测试工具、封隔器、压力温度记录仪和井下取样器等。

设备及流程安装　试油之前应对提升系统，井控系统，特种作业设备，生活系统，地面流程系统，试油健康安全环保，消防系统，照明、保温等系统进行安装、调试、检验、试压、试运行。

各系统的安装要符合相关标准和规程要求，并充分考虑井场及周围特点、季风、施工项目要求，检验、试压按照相关标准和设备指标和作业需要，设备、流程安装后应经过验收合格方可进入正式的试油（气）作业。

按标准对井口、井场、环保进行验收。井场面积要满足设备摆放要求，生活、生产设施搬迁到位，按标准摆放。陆上完井试油要根据地面情况和设计的最大负荷要求，提前挖坑打基础、挖溢流池，安装起升井架，提升大钩对正井口，油管按入井顺序在油管桥上摆放整齐，严格检查，准确丈量；安装井口及防喷器，测算油、套补距；按地面流程图连接并固定好流程，清罐、备施工用液，并对井口装置、压力容器、地面流程管线试压，经验收合格后方可开工。

海上试油（气）准备是以试油平台或钻井平台为载体，充分、合理地利用有限空间，在补给船、防污船和守护船的配合下进行施工。要准备消油剂、围油栏、消油棉，以防止海洋污染。海上作业人员除有岗位操作证、井控操作证外，还要经过专门的平台消防、平台急救、平台逃生、安全用电、艇阀操作等培训，并取得资格证书。

（李东平　于庆国）

【通井 drifting】　用专门的工具验证套管径向尺寸变化及完好程度的作业。通常用钻杆或油管带通井规下入井内探人工井底，清除套管内壁上黏附的固体物质，如钢渣、毛刺、固井残留的水泥等，检查套管是否有影响试油工具通过的弯曲和变形，检查固井后形成的人工井底是否满足试油要求，调整井内的压井液，使之符合射孔排液要求。

一般是在井筒内需要下入较大直径的井下工具之前进行的。无论是射孔完井或裸眼完井，试油作业之前必须用通井规通井。射孔完成的井通井至人工井底，裸眼、筛管完成的井用通井规通至套管鞋以上10～15m，然后用油管带相同外径的喇叭口或笔尖通至人工井底。

通井规一般规定外径应介于套管最小内径的6～8mm之间。采用裸眼完成或下筛管、尾管完成的井，应根据不同的套管或井眼内径选择适当的通井工具分段通井。若有特殊要求，如试油期间需要下入直径较大或长度大的工具，应选择与下井工具相适应的通井工具，长通井规一般选用薄壁材质加工。

通井过程中下钻应平稳操作，注意悬重变化，避免猛提猛放，通井规下至设计深度后应立即起出，禁止将通井规长时间停放在井内，以防卡钻。通井过程中，若中途遇阻或井底沉砂，应采用与井内性质相同的压井液循环洗井后再逐步下入。

（李东平　冉晓锦）

【洗井 well cleanout】 使用泵注设备，利用洗井液，通过井内管柱建立管柱内外循环、清除井内污物的作业。目的是落实试油产出流体的类型、数量，对油井进行循环脱气、降温、清洗井筒内杂物等。分为正洗井和反洗井2种方式。正洗井是洗井液从油管进入，从油套环形空间返出；反洗井是洗井液从油套环形空间进入，从油管返出。洗井所用的主要设备有试油用泵车、橇装式柱塞泵。

洗井时，将油管下至设计所定的位置，用清水（或选用合适的洗井液）进行循环洗井。洗井液的用量不少于井筒容积的1.5～2倍，排量大于500L/min，将井内污物及沉淀物清洗干净，达到进、出口液性一致，机械杂质含量小于0.2%。

同时，应密切注意进出口液性及压力的变化情况，计量好进出口液量，对漏失较严重的井一般在洗井前或洗井时采取堵漏措施。

（李东平　冉晓锦）

【洗井液 washing fluid】 洗井作业时用来冲洗井壁，清除井内沉渣或淤砂的工作液。又称冲砂液和冲洗液。一般由表面活性剂及溶剂组成，并添加增黏剂和降滤失剂以调整其性能。洗井液密度一般为630～680kg/m³。

洗井液主要功能：（1）循环清除井底的岩屑，净化井底；（2）润滑和冷却钻头、钻具等；（3）平衡地层侧压力，并在井壁形成滤饼，保护井壁，防止地层坍塌；（4）平衡地层中流体压力，防止井喷、井漏和对产层的伤害；（5）使用涡轮钻具时，可作传送动力的液体，驱动涡轮旋转切削岩石；（6）停止循环时悬浮岩屑及加重材料，降低岩屑的沉降速度，避免沉砂卡钻；（7）对钻具及套管产生浮力，减轻井架负荷；（8）为电测、砂样录井、钻井液录井服务等。

（蒲春生　于乐香　吴飞鹏）

【探砂面 sand surface probing】 下入管柱用管鞋或用录井钢丝携带铅锤确定砂面深度的作业。前者称为硬探砂面，后者称为软探砂面。

当下放油管管柱达砂面后，指重表悬重下降达 500kg 时，上提，下放连探三次，数据一致后为砂面深度。对于疏松砂岩油气层，通常采取先软探砂面，后硬探砂面的方法，如果软探合格则不进行硬探，减少工序，提高效率。

（蒲春生　于乐香　吴飞鹏）

【冲砂 sand washing】 向井内高速注入液体，靠水力作用将井底沉砂冲散，利用液流循环上返的携带力将冲散的砂子带到地面的作业。目的是清除井底的积砂，恢复和提高井的产量或注水井的注入量。一般有正冲砂、反冲砂和正反冲砂三种，还包括冲管冲砂、气化液冲砂、大排量连泵冲砂等方式。

正冲砂：冲砂液从油管注入，在流出管口时以较高流速冲击砂堵，冲散的砂子与冲砂液混合后从油、套环形空间返出地面，特点是冲力强，携砂慢。

反冲砂：冲砂液从油、套环形空间注入，冲击沉砂，冲散的砂子与冲砂液混合后从油管返出地面，特点是携砂快，冲力弱。

正反冲砂：先用正冲砂方式冲散砂堵，待砂子悬浮至油管鞋上部的环形空间一定位置后，迅速改用反冲砂方式，将泥砂带出地面。正冲砂与反冲砂两者的优点可以兼顾，但在由正倒反后的过程中，极易发生砂卡事故，因为改为反冲时，砂子由环形空间进入油管。同体积的砂子在油管内形成的砂柱要比套管内形成的砂柱要长许多，砂子上升阻力较大，这时会出现较高的泵压。如果油层有漏失，则会出现出口无返出的情况。尚存在于环形空间而未进入油管的砂子会将油管埋住。砂卡油管的事故会随之发生。

冲管冲砂：采用小直径的管子下入油管中进行冲砂。

气化液冲砂：油层压力低或漏失的井冲砂时，常规冲砂液无法进行循环，而采用泵出的冲砂液和压风机压出的气混合成的气化液进行冲砂。

大排量连泵冲砂：油层压力低或漏失严重，将两台以上的泵连用进行冲砂。

（蒲春生　于乐香　吴飞鹏）

【试压 pressure test】 采用液体或气体介质，用泵注设备按规定对地面流程、井口设备、下井管柱、井筒套管、井下工具、封层和封堵井段等进行耐压程度检验的作业。

地面流桎及分离计量装备直接关系到井场设备和人员的安全，尽管控制设备的各个阀件、管件和连接件经过严格设计，但每次使用之前还应当进行严格的耐压程度检验。

井口采油树及封井器是试油井控的关键装备，新安装或重新安装时，均应按标准进行试压检验。

井下工具、地面设备和管汇等要进行试压、检查验证，不符合要求的要重新整改，直至达到规定的工作压力为合格。

井筒套管和下井管柱的试压应满足下步作业承压的要求。对已有射开层或裸眼筛管完成的井，应下入封隔器分段、分强度对上部套管试压。

试压方法有正压法与负压法两种，试压强度应满足相应的标准。

（李东平　冉晓锦）

【试油设计 design for oil production test 】 依据试油地质方案、钻井基本情况等资料和有关标准编写的试油工程施工的指导性文件。是试油（气）施工、预算、投标、监督管理、完工验收的依据。应充分体现针对性、先进性、预见性、经济性，所选用技术的配套性和严格、明确的可操作性。包括试油地质设计、试油工程设计和试油施工设计三部分。

编写依据主要为试油（气）地质目的和试油（气）层基本情况、试油（气）工艺要求、试油（气）井筒条件、技术装备状况和相关法规标准。

设计原则主要为达到地质目的和要求、安全环保无事故、资料数据准确可靠、试油测试简单易行及快速经济、保护好油气层及井筒。

所需基本数据为：（1）钻井及井筒基本数据。包括井号、井位（地理位置、构造位置）、井别（预探井、详探井、参数井、评价井、开发井）、井位坐标、海拔（或水深）、开钻日期、完钻日期、完井日期、井深（完钻井深、斜深、垂深）、人工井底、阻流环位置、完钻层位、裸眼井段（包括井径、长度、层位）、钻井液或完井液性能（类型、密度、黏度）、套管层序及套管的钢级、规格、壁厚、下深、水泥返深、抗内压、抗外挤强度、短套管深度、固井质量、油层套管试压数据。（2）油（气）层基本数据。包括试油（气）层位、层号、测井解释井段、厚度、孔隙度、渗透率、含油饱和度、泥质含量、解释结果、油气显示综述、综合解释结果。（3）钻井液使用情况。包括井段、钻井液类型、密度、漏斗黏度、漏失量、失水、浸泡时间、混油及加入添加剂等特殊情况。（4）定向井数据。包括井斜（最大井斜、方位、井斜深度校正表）、造斜点深度、水平位移、水平井井眼轨迹数据。（5）试油井井身结构图。包括各级套管规格、下深、水泥返深、声幅测深或人工井底深度。（6）试油层位。主要包括试油层序、电测解释层号、试油井段及射孔井段。对单井而言，包括层序、层系、层号、解释井段、射孔井段、厚度、电测解释孔隙度、电测解释渗透率、含油（气）饱和度、泥质含量、解释结论，以及试油层射孔、试油方式，试油目的及要求等。（7）井内复杂情况。包括套管变形及井下落物情况。（8）地质简介。包括地质构造概况、邻井试油（气）成果、邻井试采资料及效果评价、中途测试情况。复查井应写明以往试油（气）成果、投产情况、注水情况及目前油气井现状等。特殊井如开窗井、水平井、分支井，要给出窗口位置、悬挂器深度、悬挂器内径、小套管规格、下深、水平井段深度、长度、斜度等。

因地下情况的复杂多变性，在试油（气）施工中会遇到一些新情况、新问题，需要更改试油（气）设计。试油（气）设计的更改（补充），其编写、形成程序与试油（气）设计相同。

（张绍礼　李东平）

【试油地质设计 geology design for oil production test】　提供油气井基本地质情况，明确试油（气）目的和资料录取要求，提出射孔、地层测试、诱喷、求产的工艺建议的指导性文件。其编写依据是试油（气）地质方案、钻井完井基本数据及有关标准和规范。

试油地质设计的基本内容包括：（1）基本地质情况。包括地质构造概况，试油层系基本情况，钻开该井段的钻压、钻时与钻井液密度、黏度、失水、滤饼及槽面显示、井涌、井漏、放空等异常情况，地质录井中油气显示及岩性描述，邻井相同层系试油（气）情况，钻井中途测试及电缆地层测试情况。对于老井重复试油，简述以往试油成果，投产、投注情况及油井现状；对于新井试油，提供邻井生产、钻井中途测试及电缆地层测试情况，注水情况，压力数据。目的是对本井及周围地质情况有初步了解，预测、分析试油过程中可能发生的问题。（2）钻井及井筒基本数据。包括钻井中途测试及历次试油（气）作业简况。（3）油（气）层基本数据。（4）试油地质设计依据。包括试油地质方案（试油层位、试油层序、电测解释层号、电测及录井解释数据及综合结论、试油井段及射孔井段、试油目的及要求）、试油井井况及基本数据、相关标准、规程及特殊要求。（5）试油（气）目的。（6）分层产能、压力、流体性质预测及地质要求。（7）试油资料录取。① 试油（气）井基础数据项目。包括：井号、井别、井位、构造位置、地理位置、井位坐标、地面海拔、开钻日期，钻井液类型、性能、漏失量、录井显示、井涌、井漏、井喷，中途测试情况，套管规格钢级、壁厚、下入深度，固井水泥返深、固井质量、联入，试油（气）层位、层号、井段、厚度、测井解释成果、地质综合解释成果、以往试油（气）及作业情况。② 自喷层地质资料录取项目。包括：求产方式，每个工作制度下的油、气、水产量，生产气油比、气水比、含砂、流压、井口温度、油压、套压、流温、静温、静压、压力恢复数据及曲线，油气水样品及分析数据，高压物性样品及分析资料、井温梯度、孔板尺寸、原油含水率、综合含水率、二氧化硫含量、关井最高压力、系统试井资料、间喷周期。③ 非自喷层地质资料项目。包括：求产方式，油气水的周期产量，日产量，累计产量，地层测试回收量，地层温度、地层压力，流压数据及曲线，压恢数据及曲线，压力梯度数据及曲线，油、气、水样品及分析数据，原油含水率，综合含水率。④ 试油地质资料质量要求。（8）试油（气）方式和工艺建议。

试油（气）地质设计应充分体现其目的和要求，并为试油工程设计和试油施工设计提供依据。

（张绍礼　李东平）

【试油工程设计 engineering design for oil production test】 依据试油地质设计提供的数据、要求和建议，通过参数计算，优选并确定合理的试油工艺的指导性文件。

主要内容包括：（1）设计依据。根据油气井地质、工程基本情况和石油行业与试油工作相关的法律、法规及标准，提出试油（气）工艺和技术要求，达到试油（气）地质目的要求，为制定试油（气）工艺和计算工艺参数提供科学依据，并指导施工设计和现场施工；（2）试油（气）工艺及参数计算与选择：射孔、诱喷、排液、洗井、求产、压井、封层作业及封井工艺的确定，套管柱强度计算，井内管柱变形、强度计算；（3）试油工序；（4）试油设备及仪器仪表；（5）试油工具；（6）试油器材；（7）试油管柱图；（8）试油地面流程图；（9）试油周期；（10）试油健康安全环保。

试油（气）工程设计要充分考虑试油目的和要求、井筒状况、邻区邻井试油情况、设备能力、工艺发展及技术进步要求。

（张绍礼　李东平）

【试油施工设计 operation design for oil production test】 依据试油地质设计、试油工程设计和相关标准制定的详细施工步骤、操作要求、材料明细、录取资料的具体措施、井控设计和试油健康安全环保的指导性文件，是现场施工的依据。

试油（气）施工设计应明确各工序的工艺要求、操作步骤、施工要求及标准和试油健康安全环保措施等。其变更（修改）应随试油地质设计、试油工程设计的变更（修改）而同时变更（修改）。

（张绍礼　张文胜）

【**试油管柱图** tubing string drill stem sketch map for oil production test 】　试油过程中使用的管柱结构示意图。它是根据主要试油工艺要求绘制的管柱结构示意图，是试油工程设计中的附图。典型的试油管柱图如图 1 和图 2 所示。

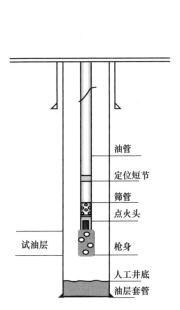

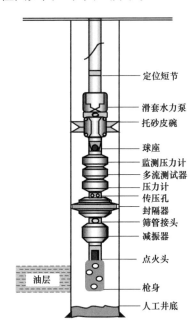

图 1　射孔管柱示意图　　　图 2　射孔、测试、排液联作管柱示意图

　　试油管柱图是下管柱施工时遵照执行的依据，在允许范围内可以有误差，但所用工具及管柱结构不能改变。

（张绍礼　李东平）

【**试油地面流程图** surface flow chart for oil production test 】　根据试油工艺和安全规程要求绘制的地面流程安装示意图。是试油工程设计中的附图，也是连接地面流程设备的执行依据。

　　试油地面设备包括：井口控制头（采油树），安全阀，地面计量油嘴管汇，压井管汇，地面加热器，三相分离器（两相分离器），计量罐，储液罐，压井液罐，油、气、水进出口管线，防喷管线。海上试油平台还包括燃烧臂，燃烧器，点火装置，喷淋系统，污水、污油回收、处理及安全环保控制系统等。常规试油地面流程示意图见图。

试油生产流程：10—1—2—3—4—5—6—7、8（18、20）或9—19。放喷排污流程10—1—2—3—4—5—19。反循环压井流程：17—16—15—14—10—1—2—3—4—5—19。正循环压井流程：22—21—4—3—2—1—10—11—12—13。

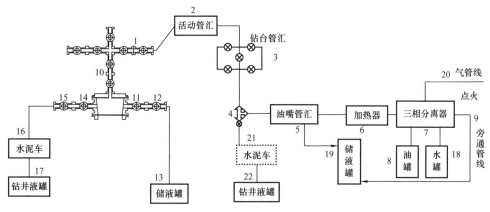

常规试油地面流程示意图

（张绍礼　李东平）

【试油周期 oil production test period 】　在自然条件正常的情况下，按照设备正常运转、无人为干扰和破坏，无返工的情况下，达到试油目的要求所用的施工时间。

　　试油周期可分为预算周期、实际周期、单层试油周期和单井试油周期。实际周期指从设备搬迁之日起，到试油收尾之日止所用的时间；单层试油周期指从试油层施工开始到封层验证合格止，正常情况下实际所用的时间；单井试油周期指单井试油实际周期。

（张绍礼　李东平）

【射孔 perforation 】　将射孔枪下到油气井中指定层段，将套管、水泥环和地层射穿，使油气从储层流入井筒的作业。

　　射孔工艺　主要包括射孔枪输送方式、射孔枪引爆方式、射孔压差控制、射孔深度控制、射孔设备选择、施工安全与环保等。分类方法：（1）按聚能射孔枪结构方式，分为有枪身聚能射孔枪射孔和无枪身聚能射孔枪射孔。（2）按射孔器下井方式，分为电缆输送射孔、过油管射孔和油管输送射孔。（3）按射孔时井筒液柱压力与储层压力的压力差值，分为正压射孔、超正压射孔和负压射孔。（4）按与其他作业联合实施方式，分为复合射孔、射孔与投产联作、射孔与测试联作和射孔与压裂酸化联作等。每种射孔工艺都有不同的适用条件以及优缺点，应根据储层地质和流体特性、地层伤害状况、套管程序等条件进行选择。

*射孔参数* 又称射孔几何参数。包括：（1）射孔孔深，是指射孔孔眼穿透地层的深度。（2）射孔孔密，是指每米的射孔孔眼数目。（3）射孔孔径，是指射孔孔眼的直径。（4）射孔相位，是指相邻射孔孔眼之间的角位移。射孔参数与油气井产能的关系为：（1）射孔孔眼穿透钻井伤害带后，产能将有较大幅度提高。（2）孔深超过钻井伤害带很多，再增加孔深来提高产能的效果不明显。（3）提高孔密一般会获得增产效果，但孔密增大到一定程度后，再提高孔密的增产效果不明显，并且可能造成套管损坏。（4）孔眼相位与产层均质程度有关，一般均质产层以 90°、非均质严重产层以 120° 为最佳。

*射孔优化设计* 依据油气井的工程与地质条件，优选射孔参数的最佳组合，确定射孔器类型、射孔压差值、射孔液及射孔工艺方法，以达到最佳的地质效果。

*射孔设备与器材* *射孔设备* 主要包括地面设备、电缆、井口设备和井下仪器等。射孔器材主要包括火工器、起爆装置及 TCP 井下工具等消耗品。

📝 推荐书目

万仁溥.采油工程手册［M］.北京：石油工业出版社，2003.

（魏光辉 李东平 舟晓锦）

【正压射孔 positive pressure perforation】 井筒内静液柱压力大于地层压力时的射孔作业。常见于套管常规电缆射孔。便于减少射孔成本。对于具有良好的储集性质且伤害较小的地层一般采用正压射孔。射孔前注入射孔保护液，使井内静液柱压力大于地层静压，但压差应不超过地层压力的 5%。正压射孔后，井筒液体可能流入地层，容易造成地层伤害，应注意射孔液对地层的伤害问题，射孔后应及时进行下步工序，防止射孔液长时间浸泡地层。

📝 推荐书目

文浩，杨存旺.试油作业工艺技术［M］.北京：石油工业出版社，2004.

（蒲春生 于乐香 景 成）

【超正压射孔 ultra positive-pressure perforation】 在井筒压力远高于地层破裂压力条件下进行的射孔作业。射孔的同时给地层加压约 1.2 倍破裂压力，可以克服聚能射孔压实效应对产层带来的伤害。

工艺优点：（1）可使孔眼裂缝扩张，增加孔眼有效通道；（2）射孔后继续注酸（液氮）可以起到增产措施效果，也可以注树脂起到固砂作用。缺点：（1）施工成本较高，限制了其应用范围；（2）对井下管柱、井口和设备的承压要求高；（3）工作液会进入地层，必须选择优质射孔液，防再次产生地层伤害。

📝 推荐书目

万仁溥.采油工程手册［M］.北京：石油工业出版社，2003.

（陈家猛）

【负压射孔 underbalance pressure perforation】
在井筒内液柱压力低于产层压力时的射孔作业。负压射孔的瞬间，产层压力高于井筒内液柱压力，存在负压差，可使地层流体产生一个反向回流，对射孔孔眼进行冲洗，避免了孔眼堵塞和射孔液对产层的伤害（见图），可以保护储层和提高产能。合理的负压差值能确保产层和井筒之间形成一个清洁流畅的动通道，从而提高油气产量。

进行负压射孔时，要设计合理的负压值。如果负压值偏低，将不能保证孔道的清洁和畅通，降低流动效率；如果负压值过高，有可能导致地层出砂或套管损坏。

（魏光辉）

【电缆输送射孔 wireline conveyed perforation】
用电缆将射孔枪和磁性定位器下放到井内，校正深度后引爆进行定位的射孔作业。射孔枪可以采用枪身聚能射孔枪或无枪身聚能射孔枪。是一种应用最广泛的射孔方法，但不宜用于稠油井、大斜度井、气井、含硫化氢井及高温高压油气井。

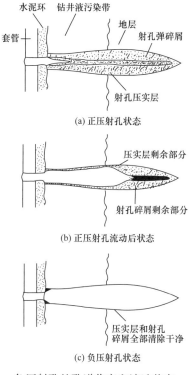

(a) 正压射孔状态

(b) 正压射孔流动后状态

(c) 负压射孔状态

负压射孔的孔道伤害和清洗状态

电缆输送射孔使用设备较为简单，只需电缆输送设备和一套测量并记录井内套管接箍的井下和地面仪器即可。普遍使用的是单心磁性定位器、一体化电缆绞车和数控射孔仪。电缆输送射孔采用电磁雷管或压控电雷管引爆，雷管一般安放在射孔枪与磁性定位器之间的一个专用装置中而得到保护。

主要优点：（1）适用于各种型号射孔枪，射孔枪直径仅受套管内径的限制，可以选择使用大直径射孔枪和大药量、高效能聚能射孔弹；（2）工艺简单，施工周期短，具有较高可靠性，并可以及时检查射孔情况；（3）能连续进行多层和层间跨度较大井的射孔；（4）射孔定位快速准确。

主要缺点：（1）电缆输送射孔一般在井眼压力大于地层压力（正压）情况下进行射孔，不利于清洗孔眼，比较容易伤害地层；（2）受电缆的强度限制，一次下入的射孔枪不能太长，对厚度大的油气层必须多次下井；（3）地层压力掌握不准时，射孔后易发生井喷，必须安装井口防喷装置。

（魏光辉　于乐香）

【油管输送射孔 tubing conveyed perforating 】用油管（或钻杆）将射孔枪输送到射孔井段进行的射孔作业。又称无电缆射孔和 *TCP*。基本原理是把每一口井所要射开油气层的射孔枪全部串连在一起连接在油管柱的尾端，形成一个硬连接的管串下入井中。通过在油管内测量放射性曲线或磁定位曲线，校深并对准射孔层位。可采用多种引爆方式引爆射孔枪。不仅用于常规射孔，还可以与测试、投产、压裂或酸化等工艺联合作业，在大斜度井、水平井、稠油井、硫化氢井和高温高压井等有广泛的应用。油管输送射孔容易实现负压射孔作业。

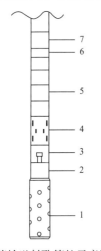

油管输送射孔管柱示意图
1—射孔枪；2—安全枪；3—投棒起爆器；4—筛管；5—油管（4 根）；6—定位短节（短油管）；7—油管（或钻杆）

采用的主要器材有火工器、起爆装置及 TCP 井下工具。火工器包括射孔弹、起爆器、导爆索、传爆管等，均属于高度危险品，在使用、运输、存储中都必须确保安全，严格执行操作规程和法律法规。起爆装置除常用的防砂起爆装置和压力起爆装置外，还有安全机械起爆装置、压力开孔起爆装置、压差起爆装置、延时起爆装置和多级投棒起爆装置等。可根据施工条件及点火方式的不同进行选择。TCP 井下工具包括射孔枪释放装置、减振装置、开孔装置、环空加压装置、玻璃盘循环接头、压力释放装置和尾声弹等。

主要优点：（1）可供选择的射孔枪种类较多，具有使用大直径射孔枪和大药量射孔弹的条件，能满足高孔密、多相位、深穿透和大孔径的射孔要求。（2）能够合理选择射孔负压值，减少射孔对地层的伤害，提高油气井产能。（3）输送能力强，可以一次射孔数百米和射开多个层段。（4）可满足大斜度井、水平井、稠油井、硫化氢井、高温高压井等的射孔技术要求。（5）可与投产、测试、压裂和酸化等工艺联合作业，以减少储层伤害和提高作业效率。主要缺点：（1）在地面难以断定射孔是否完全引爆。（2）一次点火引爆不成功时，返工作业工作量大。

（魏光辉）

【过油管射孔 through-tubing perforating】 把油管下到射孔井段上部，电缆通过油管将射孔枪下至目的层位进行的射孔作业。是一种不压井射孔方法，应用于压力较高、自喷能力较强的井，对于生产井的不停产补孔作业尤为适用，因其可省去压井和起下油管作业。

过油管射孔的射孔枪可采用有枪身聚能射孔枪或无枪身聚能射孔枪，所需的输送和测井设备，以及深度控制（定位）方法同电缆输送射孔。需要在井口安装防喷装置。

主要优点：（1）可实现负压或平衡压力射孔，储层伤害小。（2）射孔后能立即投产。主要缺点：（1）受油管内径限制，射孔穿深浅影响产能。（2）受防喷管高度限制，厚度大的油气层需多次下枪，但再次射孔无法实现负压。（3）射孔负压值不能过大，否则射孔后油气上冲使电缆打结造成事故。

（魏光辉　于乐香）

【连续油管输送射孔 coiled tubing delivery perforation】 用连续油管将射孔枪输送到射孔井段进行的射孔作业。连续油管输送射孔主要应用于高压气井、大斜度井和水平井完井中的射孔。

连续油管输送射孔管柱除连续油管设备外，还包括射孔器总成、压力延时点火头、循环接头和连续油管接头等，连续油管作为输送射孔枪至井下的载体，下井时，由注入头（装置）驱动将连续油管、转接头、循环加压接头、减振器、投球丢枪装置、压力起爆装置和射孔枪等输送至井下。校深并调整连续油管深度后，连续油管内（或者环空）加压，引爆射孔枪。

连续油管输送射孔主要优点：（1）在套管井中，可进行负压射孔或者带压射孔作业。（2）在生产井中，可进行过油管射孔。（3）在高压气井中，可在下完生产管柱后射孔，安全可靠，可在大斜度井和水平井中进行过油管射孔作业。（4）输送能力比较强，一次下井可输送射孔器长达几百米。（5）与油管输送射孔相比，节省时间。（6）可在无井架（修井机）井场作业。

📝 推荐书目

陆大卫.油气井射孔技术［M］.北京：石油工业出版社，2012.

（蒲春生　于乐香　景　成）

【复合射孔 compound perforation】 射孔与高能气体压裂一次完成的作业。又称*增效射孔*。在射开孔眼瞬间，火药燃烧产生高能气体，气体进入射孔孔道做功，形成多条短裂缝，从而改善地层导流能力，达到增产增注的目的。适用于油水井解堵，新井油气层改造，水力压裂井预处理，以及低压低渗透、高压低渗透和砂岩硬地层。

复合射孔作业的特点是在射孔枪上增添了火药。既可采用电缆输送也可采用油管输送。

复合射孔优点：在孔眼附近形成多条微裂缝，同时减少了射孔压实带的影响，增大渗流面积，降低油流阻力，提高油井产量。缺点：由于复合射孔时会产生高压，施工中必须考虑井下管柱、井口和设备的承压能力。

（陈家猛）

【全通径射孔 Full bore perforation】 射孔后不提枪、不丢枪以实现管中全通径目的的射孔作业。射孔后，射孔枪留在井下可作为筛管进行全通径压裂、生产及后期动态检测。全通径射孔器主要由全通径点火头、全通径射孔枪身、全通径夹层枪身、口袋枪、粉碎式射孔弹和丢手枪尾（或排气枪尾）等组成。在负压条件下，用油管输送方式将全通径射孔器下到预射孔位置，采用机械投棒的方式引爆起爆器，在完成射孔作业的同时，射孔管柱内所有的组件在爆炸所产生的巨大冲击波作用下破碎，并随投棒一起将起爆器芯部、枪串内部零件全部落入下部口袋枪内或井底，使整个射孔枪串贯通，成为生产管柱的一部分，作业后无须更换管柱便可进行下部施工。

（于乐香 景 成）

【水力喷砂射孔 hydraulic jet perforation】 用含砂高压液体喷射套管和地层并形成孔眼的射孔作业。适用于常规射孔达不到预期目的的射孔作业。带石英砂的高速、高压液体经过喷嘴时形成高速射流，冲击套管、水泥环和地层，连续不断地切割形成孔眼。有可以形成大直径梨形孔道，且孔道不会被堵塞等优点；也存在孔径不够规则、孔密较稀、无法实现负压射孔和作业成本高等缺点。

（魏光辉）

【机械割缝射孔 Mechanical slit perforation】 利用高压水射流喷射将套管及周围岩层沿轴向切开形成长缝的射孔作业。高压携砂液经过喷嘴转换为动量，以高速射流形式冲击套管和地层。将套管及周围岩层沿轴向切开产生两条互成180°的长缝，在油层中定向造成200mm以上的清洁无阻的泄油孔道，并可根据油层厚度提升管柱切割多条制缝。可以在各种复杂的工艺作业过程中实施射孔，如完井、油井大修、油层堵水和油层水力压裂等。

（于乐香 景 成）

【水平井射孔 horizontal well perforation】 在水平井段进行的射孔作业。采用油管输送射孔工艺，压力点火引爆。可分为定向射孔和非定向射孔两种方式，在岩性疏松储层适宜采用定向射孔。

　　水平井非定向射孔所用的射孔枪与普通有枪身聚能射孔枪基本相同，为防止起下射孔枪时接头在套管内的阻卡现象，可在射孔枪身上加接可滑动的防卡套；为减小射孔枪与套管之间的摩擦，可在接头和枪尾上安装滚珠。水平井定向射孔射孔弹穿孔方向指向固定的方向，与水平方向成一固定夹角。定向射孔的方向有多种（见图）。水平井定向射孔有外定向射孔和内定向射孔两种实现方式。内定向射孔方式应用较为广泛。

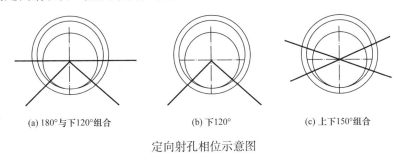

(a) 180°与下120°组合　　　　(b) 下120°　　　　(c) 上下150°组合

定向射孔相位示意图

（魏光辉）

【高压气井射孔 high pressure gas well perforation】　对高压气井进行的射孔作业。利用油管作为输送工具，将高压射孔枪、压力起爆装置、筛管、封隔器等工具输送到目的层，校深、调整管柱后，坐封封隔器并验封。若进行酸化（加砂）压裂，将前置液替入油管内后，从油管内加压至射孔枪起爆设定值，引爆射孔枪，射孔成功后转入后续作业。

　　高压气井射孔可采用全通径射孔工艺技术、复合射孔工艺技术、锚定射孔工艺技术以及常规的射孔工艺技术，这些工艺还可与一次性完井管柱联作、与酸化（加砂）测试联作等多种工艺配合作业。

　　技术特点：高压气井射孔作业的难度和风险都较普通的低压油气井要高，施工安全最为关键，影响高压气井射孔的主要因素有井底压力、温度、压井液性能、射孔工艺技术、井口及地面设备等方面，另外在确保施工人员安全方面，需配备硫化氢监测仪、空气呼吸机等必要设备。

　　由于高压气井具有产量大、压力及温度高、射孔井段长等特点，对射孔器的承压和耐性能、射孔安全技术以及管柱设计等方面提出了更高的要求。

📝推荐书目

陆大卫.油气井射孔技术［M］.北京：石油工业出版社，2012.

（于乐香　景　成）

【含硫化氢气井射孔 perforation of hydrogen sulfide containing well】 对含有硫化氢的气井进行的射孔作业。主要解决硫化氢气体对射孔管串及配套设施腐蚀以及射孔施工时的安全防控。

　　施工要求：（1）进行射孔采气前应从气象资料中了解当地盛行的风向，采气设备与盛行风的风向一致布放；（2）井场周围要空旷，尽量让盛行风通畅，并吹过采气设备；（3）所有设备的安装必须有空间，钻采机下和井口装置周围禁止堆放杂物，以便空气流通，以避免硫化氢在井口及其周围聚集；（4）测井射孔等辅助设备和机动车辆，应尽量远离井口，至少保持在5m以外的距离；（5）井场值班室、工程室及装炮场地应设在井场风向的上行风向，并应设置防护室，储备防毒面具、急救箱、担架、氧气袋等用具；（6）所有防护器具应放在使用方便，清洁卫生的地方，并保证这些器处于良好的备用状态；（7）在井台上，井场盛行风人口处应设置风向标，一旦射孔井喷的情况下，施工人员向上风方向疏散；（8）在钻采机上下硫化氢易聚集的地方应安装排风扇，以驱散工作场所弥漫的硫化氢；（9）井场所有电线路、装备、照明器具的敷设和安装执行有关安全规定，电器开关应远离井口25m以外；（10）确保通信系统24h畅通，尤其是在施工阶段要和医院、消防部门取得联系。

📝 推荐书目

　　沈琛.试油测试工程监督［M］.北京：石油工业出版社，2005.

（于乐香　景　成）

【联作射孔 joint perforation】 射孔作业与其他工艺技术相结合的作业方式。包括射孔与投产联作、射孔与压裂酸化联作、射孔与测试联作等方式。随着勘探开发技术的不断发展，对储层的微观认识不断深入，而今把对油气层的保护提到了从未有过的高度。联作射孔对保护油气储层、提高完井效率、增加产能都有着重要的意义。

（蒲春生　于乐香　景　成）

【射孔与投产联作 combination of perforation and production】 射孔与投产一次完成的作业。射孔后不起出射孔枪和油管而直接投产（见图）。用电缆将生产封隔器坐挂在生产套管的预定位置，然后下入带射孔枪的生产管柱，管柱的导向接头下到封隔器位置循环洗井；继续下管柱，当管柱密封总成坐封后，井口投棒高速下落撞击点火头，点火完成射孔；射孔枪及残渣释放至井底即投产。

　　自喷井普遍采用这种作业，既安全又经济，射孔与投产只下一次管柱就完成。管柱结构和封隔器类型因井而异。对于抽油井，用同一趟管柱下入射孔枪

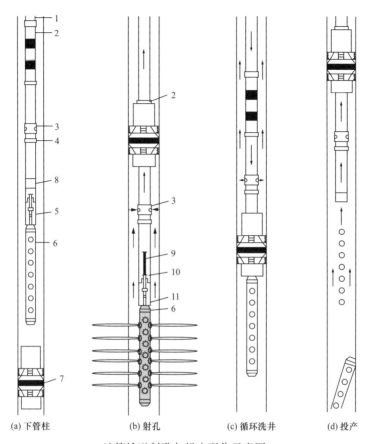

(a) 下管柱　　　(b) 射孔　　　(c) 循环洗井　　　(d) 投产

油管输送射孔与投产联作示意图

1—生产油管；2—生产密封总成；3—盘式循环接头；4—油管接箍；5—重力引爆头与射孔释放装置；
6—射孔枪；7—生产封隔器；8—导向接头；9—投棒；10—捶击；11—引爆头

和抽油泵等配套工具，射孔枪点火引爆后，原管柱不动就可直接开泵投产。适用于直井、斜井及水平井。主要优点：（1）采用负压射孔，射孔后立即投产，减少了压井液对地层的伤害，同时还可以消除近井地带的堵塞，有利于油井生产。（2）油管输送射孔（TCP）和下抽油泵两项作业合二为一，减少作业工序，缩短作业时间。（3）施工简便，成功率高。

（陈家猛）

【射孔与压裂酸化联作 combination of perforating，fracturing and acidifying】 下入联作管柱，实现油管输送射孔与压裂酸化一次完成的作业。先射孔，再进行测试，然后进行压裂、酸化，措施后还可以试井（见图）。

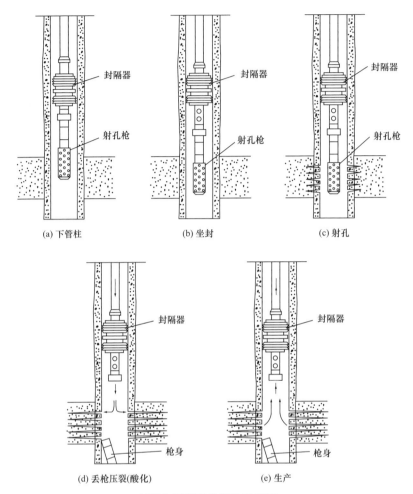

(a) 下管柱　　　　　　(b) 坐封　　　　　　(c) 射孔

(d) 丢枪压裂(酸化)　　　　　　(e) 生产

射孔与压裂酸化联作示意图

工艺优点：减少起下油管时间；有利于实现射孔施工安全，防止起射孔枪和下泵过程中发生无控制井喷；保护油气层等。

（陈家猛）

【**射孔与测试联作** combination of perforating and well-testing 】 将油管输送射孔管柱与地层测试器组合为同一下井管柱，射孔后立即进行地层测试，实现一次下井同时完成油管输送负压射孔和地层测试两项作业。能提供最真实的地层评价机会，获取动态条件下地层和流体的各种特性参数。

常用的引爆方式有环空加压（见图 1）和投棒（见图 2）两种。射孔与测试联作的深度定位方法、使用的测井设备均与油管输送射孔相同。

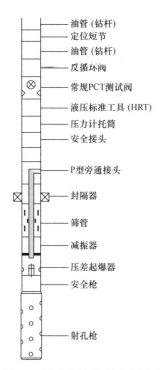

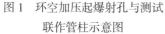

图 1　环空加压起爆射孔与测试
联作管柱示意图

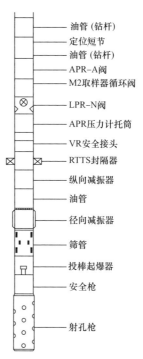

图 2　投棒引爆射孔与测试
联作管柱示意图

工艺优点：（1）在负压条件下射孔后立即进行测试，保护了油气层，能提供最真实的地层评价资料。（2）减少起下管柱次数，缩短试油周期，降低试油成本。（3）可有效地防止井喷，安全可靠。

（魏光辉）

【全通径 APR 射孔测试联作 full path APR perforation test】 用 APR 压控式全通径工具进行测试和射孔的联合作业。APR 测试工具既可选用机械投棒射孔方式，又可采用压力起爆射孔方式。

机械投棒式射孔与 APR 测试联作。管柱下至预定位置，调整管柱使射孔枪对准目的层，坐封封隔器，关闭井口防喷装置，向环空打压开井，然后从井口向管柱内投棒，投棒撞击点火头，撞击剪断锁定销，撞针下行冲击雷管射孔。管柱结构如图（a）所示。施工中要注意保持管柱内液体清洁，防止在点火头和 LPR–N 测试阀上产生沉淀物，可在 N 阀和点火头以上加一定数量的悬浮液。

压力起爆射孔与 APR 测试联作。TCP 与 APR 测试联作在（工具）条件允许的情况下，应优先选择机械投棒式射孔方式。若工具条件不具备，可采用压力起爆射孔方式。因 APR 工具开井、循环都需要环空打压，为确保循环阀不提前打开造成测试失败，一定要设计好点火头的起爆压力（起爆压力要高于开井压力）。在井口条件和井眼条件允许的情况下，应适当提高循环压力与射孔点火头压力之间的压力等级。点火头应优先选用压差式压力点火头，并在点火头以下装配延时起爆器。管柱结构如图（b）所示。

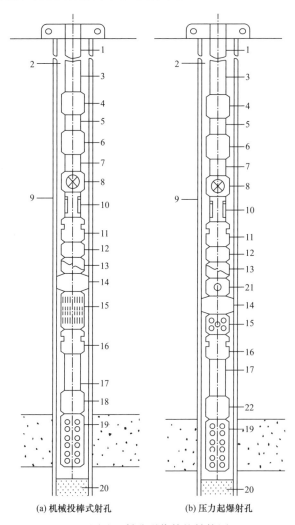

(a) 机械投棒式射孔　　　　(b) 压力起爆射孔

**APR 测试—射孔联作管柱结构图**

1—油管或钻杆；2—油套环空；3—油管或钻杆；4—APR-A 循环阀；5—油管或钻杆；6—APR-M₂ 阀；7—泄流阀；8—LPR-N 阀；9—油层套管；10—全通径压力计托筒；11—大约翰震击器；12—RTTS 循环阀；13—RTTS 安全接头；14—RTTS 封隔器；15—筛管；16—减振器；17—油管；18—机械点火头；19—射孔枪；20—水泥塞；21—传压接头；22—压力延时点火头

（于乐香　吴飞鹏　景　成）

【射孔防砂 perforating sand control】 在射孔过程中将防砂材料随射孔作业一次性充填到射孔孔道内，起到防砂作用的工艺技术。射孔防砂主要有大孔径高孔密和小孔径高孔密两种方法。其中大孔径方法用得比较普遍，孔径可达到18～25mm。小孔径一般在 8mm 以下。另外还有随进式射孔防砂技术，其原理是在射孔弹头部配装防砂材料及助推药。射孔弹起爆后炸药爆轰压垮药型罩形成金属射流，射流穿过射孔枪、套管、水泥环及油层，在射流的高温、高压下在射流方向（即孔道方向）形成低压区，另外在套管和岩层中形成流体孔道。射孔弹在爆轰穿孔的同时，把其头部配装的助推火药点燃，防砂材料在火药巨大的压力下向孔道运动，充填在孔道内。

📝 推荐书目

沈琛．试油测试工程监督［M］．北京：石油工业出版社，2005.

（于乐香　景　成）

【PS 防砂 PS sand control】 一种形成三道防砂屏障，地层充填复合防砂技术。三道防砂屏障组成了具有一定强度的人工地层，大大提高近井地带油层的渗透率，解除近井伤害堵塞，提高防砂有效率和有效期，降低注汽压力和稠油流入井筒的阻力。该技术适用于斜井、直井、冷采井、热采井和粉细砂岩油层井防砂，用于特、超稠油注汽井防砂时成效显著。

（于乐香　吴飞鹏　景　成）

【射孔枪 perforator】 在射孔作业中，装配射孔弹等火工品并发射射孔弹的专用设备。又称射孔器。由枪身、弹架、枪头、枪尾和密封件等组成。火工品包括射孔弹和导爆索等。

射孔枪一般分为可回收式和重复使用可回收式两种。根据射孔方式不同可分为子弹式射孔枪、聚能射孔枪和复合射孔枪等 3 种。子弹式射孔枪一般用于软地层射孔，优点是结构简单，缺点是孔道浅并且末端被子弹堵塞，射孔后套管内壁会产生严重毛刺。聚能射孔枪利用聚能射孔弹引爆后产生的高温高压高速聚能射流完成穿孔作业，现场采用最为广泛，从结构上可分为有枪身聚能射孔枪和无枪身聚能射孔枪两大类。复合射孔枪一次下井可以完成射孔和高能气体压裂两项作业。

射孔枪的规格型号一般以射孔枪的外径（mm）来命名。射孔枪的型号有：51、60、73、89、102、114、127、140、159 等。射孔枪的孔密最高可达 40 孔 /m。射孔枪的相位可按要求加工，一般常用的是 90° 相位，螺旋布孔。各种规格射孔枪的耐压不低于 50MPa，最高可达 140MPa。

（陈家猛　于乐香）

【有枪身聚能射孔枪 jet perforator with gun body】 由聚能射孔弹、密封钢管、弹架、导爆索、传爆管和密封件等构成的射孔枪。又称有枪身聚能射孔器（见图）。在国内外射孔作业中应用最为广泛，产品系列也最为齐全。分为一次使用回收式聚能射孔枪、多次使用回收式聚能射孔枪和选发式有枪身聚能射孔枪。

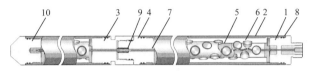

有枪身聚能射孔枪结构图

1—枪头；2—枪身；3—上接头；4—下接头；5—弹架系统；6—聚能射孔弹；7—导爆索；
8—密封圈；9—传爆管；10—枪尾

一次使用回收式聚能射孔枪的主要特点：（1）射孔器适配的聚能射孔弹装药量范围比较宽；（2）射孔器的输送方式多，可采用电缆输送、油管输送等方式射孔；（3）射孔器的组装简单，可组成长串下井施工（接上几节枪身），即利用传爆接头将数节射孔枪连接成一组射孔器，一次完成数十米地层的射孔。

多次使用回收式聚能射孔枪的主要特点是射孔枪可以多次重复使用，射孔枪的使用寿命一般可承受20～40次射孔。每次射孔后，只需通过更换射孔枪的盲孔塞、射孔弹等部件，即可重新射孔。

选发式有枪身聚能射孔枪的特点是射孔时可根据不同目的层的需要，选择性地起爆射孔器，以实现分层射孔，在应用上国内外均不广泛。

有枪身射孔枪装配完成后，内部形成一个密封的空间，井内的液体不会直接浸入到枪体内，保护了枪体内部火工品不受井内液体和高压影响，同时保证了射孔枪在井内的可靠起下。射孔后，爆炸所产生的碎屑绝大多部分保留在枪体内部，随射孔枪一起提出井外，避免了井下落物。

主要性能指标为：（1）穿孔性能（孔深及孔径）。（2）射孔枪及套管损坏变形指标。一般要求穿孔后枪体孔眼单侧方向裂缝长度不大于40mm，非孔眼处要求射孔枪身无裂缝，枪体最大膨胀不能超过5mm。（3）产品可靠性及安全指标。通常要求毛刺高度不大于2.5mm，满足耐压要求。（4）穿孔率不得小于95%。

有枪身聚能射孔枪具有射孔穿孔性能好、可靠性高、耐温耐压性好、对套管及水泥环伤害轻微等优点。

📝 推荐书目

王赞.射孔器材检验理论与应用［M］.北京：石油工业出版社，2013.

（魏光辉 于乐香 景 成）

**【无枪身聚能射孔枪 jet perforator without gun body 】** 由无枪身聚能射孔弹、弹架（或非密闭钢管）、导爆索等构成的射孔枪。又称无枪身聚能射孔器。与有枪身聚能射孔枪主要区别在于弹架和火工品直接裸露在井内液体中，外部没有射孔枪身保护。无枪身射孔枪的射孔弹、导爆索、雷管等火工品均为防水、耐温、耐压型，直接承受井内的压力和温度。按弹架的形式分为钢丝架式无枪身射孔枪、钢板式无枪身射孔枪、链接式无枪身射孔枪和过油管张开式无枪身射孔枪等。最常用的是钢板式无枪身射孔枪和过油管张开式无枪身射孔枪。

钢丝架式无枪身聚能射孔枪的基本结构是两根钢丝作为承载射孔弹的弹架，用夹板在钢丝连接处进行固定并保护射孔弹，以防射孔弹在下井过程中碰撞磨损，如图 1 所示。钢丝架式无枪身射孔器的相位只有两种，即 0° 或 180°，孔密 10～13 孔 /m，混凝土靶穿深 100～184mm，适用于薄层裸眼井或过油管射孔。

图 1　钢丝架式无枪身聚能射孔枪示意图

钢板式无枪身聚能射孔枪弹架采用条形薄钢板冲孔而成，其弹架经特殊加工可提供多种相位的射孔方式，如图 2 所示。不同的射孔弹型号可分别达到 200～400mm 的穿深。射孔方位采用单方位或多方位，射孔后弹架和接头等可以回收至地面，落入井底的碎屑较少。其他与钢丝式无枪身射孔器相同。

钢板式弹　　　无枪身聚能射孔弹

图 2　钢板式无枪身聚能射孔枪

链接式无枪身射孔器的射孔弹外壳是加工成上下外螺纹和内螺纹接头形式，弹和弹之间可彼此相互串联。换句话说就是射孔弹和弹架合二为一。优点是射孔相位和孔密变化较多；缺点是射孔器整体强度差，对套管的损坏严重，如图 3 所示。

图 3　链接式无枪身射孔枪

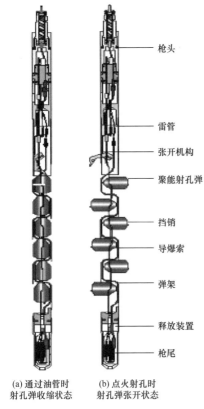

（a）通过油管时
射孔弹收缩状态

（b）点火射孔时
射孔弹张开状态

图 4　过油管张开式聚能射孔枪
示意图

过油管张开式聚能射孔枪主要用在生产井不起油管状态下的补孔作业，如图 4 所示。这种射孔器在下井过程中是闭合的［见图 4（a）］，到达射孔位置后，射孔弹被释放，从下井时的垂直向下转为垂直对向套管［见图 4（b）］，特点是采用大药量射孔弹实现深穿透，解决了以往过油管射孔因射孔枪直径所限，射孔弹无法加大而造成的穿透深度浅的问题。过油管张开式聚能射孔枪的弹架选用薄壁材料激光切割而成。射孔后，弹架、配件和射孔弹变成碎屑，直接沉入井底，在井内的射孔残留物较多。

（魏光辉　于乐香　景　成）

【复合射孔枪 compound perforator】 一次下井能同时完成射孔与高能气体压裂两项作业的射孔枪。又称复合射孔器。用于复合射孔作业。基本结构与常规有枪身聚能射孔枪基本相似，不同之处在于射孔枪身上设计有泄压孔，射孔枪内增添了火药推进剂。关键技术是火药的选择、药量控制、填充方法和枪体安全可靠性设计。

按射孔弹和火药推进剂的不同组合方式主要分以下 5 种：

（1）一体式复合射孔枪（见图），将射孔弹和火药推进剂装在同一支射孔枪内。优点是施工简便、安全；缺点是推进剂药量小，对地层作用时间短。

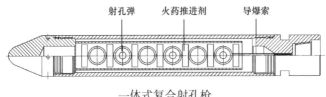

一体式复合射孔枪

（2）单向式复合射孔枪，在射孔枪的底部连接装有火药推进剂的高能气体发生器。优点是推进剂药量可以根据储层特性和套管的具体情况进行选择调整；缺点是在电缆输送射孔时容易损坏电缆。

（3）对称式复合射孔枪，在射孔枪的上下两端连接装有推进剂的高能气体发生器。

（4）外套式复合射孔枪，将火药推进剂制成筒状、套在射孔枪（弹架）的外壁上，通过射流和冲击波引燃火药推进剂。

（5）二次增效式复合射孔枪，通过合理的结构设计和药量设计，将一体式和其他方式有机结合在一起。

（魏光辉）

【电缆射孔枪 cable perforating gun 】 靠电缆或钢丝绳送入井下，通过电缆点火击发的一种射孔枪。电缆射孔枪分为管式枪和绳式枪。常用的有过油管射孔枪、钢丝射孔器、钢管射孔枪等。

（景 成 于乐香）

【无缆射孔枪 cableless perforating gun 】 由油管送入井下，靠投棒或环空加压击发的一种射孔枪。又称油管传输射孔枪。常用的射孔弹是聚能射孔弹。也有使用子弹进行射孔的。

（景 成 于乐香）

【射孔弹 perforation charge 】 在射孔过程中用于穿透套管、水泥环和地层的火工品。射孔枪的技术性能直接影响射孔主要参数孔径和孔深的具体指标。射孔弹分为子弹式射孔弹和聚能式射孔弹。

子弹式射孔弹在射孔时将火药点燃，利用火药气流推动子弹高速运动打击在套管内壁上。子弹的能量将套管壁和水泥环击穿进入油气层，形成油气通道。

聚能射孔弹是使用最广泛的射孔弹，也是射孔效率最高的射孔弹。常见有枪身聚能射孔弹结构主要有壳体、起爆药、主炸药和药形罩（见图）。弹壳多为钢壳，首要要求是承压能力，应确保形成理想形状的射流。主炸药是形成聚能射流的能量来源，为高能固体炸药。起爆药是与主炸药相同类型的炸药，但灵敏度更高，用于引爆主炸药。药形罩的作用是在主炸药爆炸后产生射流束，形成射孔孔道。射孔孔道的形态和质量主要由药形罩的材质和结构决定，射孔弹药形罩一般为锥形。

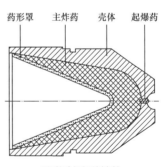

聚能射孔弹结构

聚能射孔弹按用途可分为有枪身聚能射孔弹和无枪身聚能射孔弹两大类；按耐温级别分常温、高温和超高温射孔弹三种；按穿孔类型可分为深穿透射孔弹和大孔径射孔弹两种。

有枪身聚能射孔弹装配在密封的枪体内，药柱外有壳体保护，提高了装药的有效利用率，在同等药量条件下，穿深指标优于无枪身聚能射孔弹。有射孔枪枪身保护，射孔弹不接触井液，不承受外压。

无枪身聚能射孔弹是不使用密封枪体的射孔弹。射孔弹采用单个密封结构，可直接隔离井液和承受外压。使用时用弹架或非密封钢管串联后下井，射孔过程中，射孔弹的爆炸产物直接作用在套管上，爆炸后碎片直接落入井底。受套管和油管内径尺寸的限制，其穿深和耐温、耐压指标均较低。

（魏光辉）

【射孔液 perforating fluid】 射孔作业过程使用的井筒工作流体。射孔液具有清洗井筒和平衡地层流体压力的功能，应保证与油层岩石和流体配伍，防止射孔过程中和射孔后对储层造成伤害，还应满足密度合适、性能稳定、滤失量低和腐蚀性小等技术要求。

按是否含有固相划分为无固相射孔液和有固相射孔液。无固相射孔液，是最常用的射孔液类型；有固相射孔液，固相一般为油溶性或水溶性的桥堵剂颗粒，一般用于射孔液漏失比较严重的储层。按基液不同划分为水基、油基和酸基射孔液三种类型，常用的有清洁盐水射孔液、聚合物射孔液、油基射孔液、酸基射孔液、泡沫射孔液和乳化液射孔液。

（杨贤友）

【清洁盐水射孔液 solids-free brine perforating fluid】 以清洁盐水为基液的无固相射孔液。由氯化物、溴化物、有机酸盐类、清洁淡水、缓蚀剂、pH 调节剂和表面活性剂等配制而成。盐类作用是调节射孔液的密度，防止储层黏土矿物水化膨分散而造成水敏伤害；缓蚀剂的作用是降低盐水的腐蚀性；pH 调节剂的作用是避免清洁盐水对储层造成碱敏伤害；表面活性剂的作用是清洗岩石孔隙中析出的有机垢物质，使用非离子型表面活性剂可减少乳化堵塞和润湿反转造成储层伤害。

清洁盐水射孔液无人为加入的固相，进入油气层的液相不会造成水敏伤害且滤液黏度低易返排。但对罐车、管线、井筒的清洗要求高，滤失量大，腐蚀性较强。

（杨贤友）

【聚合物射孔液 polymer perforating fluid】 以聚合物为基液的射孔液。具有滤失量低、携屑能力强和对储层伤害小的特点，应用比较广泛。分为无固相聚合物盐水射孔液和暂堵性聚合物射孔液两类。无固相聚合物盐水射孔液又可分为非离子／阴离子聚合物射孔液和阳离子聚合物射孔液两种。

非离子／阴离子聚合物射孔液以清洁盐水为基液，加入非离子／阴离子增黏剂和降滤失剂配制而成。该类射孔液中的长链高分子聚合物进入产层后会被岩石表面吸附，从而减少孔喉的有效直径，造成油气层伤害，一般不宜在低渗透率储层使用，可在裂缝性或渗透率较高的孔隙性储层使用。

阳离子聚合物射孔液在清洁淡水或低矿化度的盐水中加入阳离子聚合物黏土稳定剂配制而成，也可用在无固相清洁盐水射孔液中加入阳离子聚合物黏土稳定剂的方法配制。阳离子聚合物射孔液除了具有普通清洁盐水射孔液的优点外，还有稳定黏土时间长的特点，可防止后续生产作业对储层产生水敏伤害。

暂堵性聚合物射孔液由基液、增黏剂和桥堵剂三种成分组成。基液一般为清水或盐水。增黏剂为对储层伤害小的聚合物，如生物聚合物（XC）、羟乙基纤维素（HEC）等。桥堵剂为颗粒尺寸与储层孔喉大小与分布相匹配的固体粉末，常用的桥堵剂有酸溶性、水溶性和油溶性三类。酸溶性桥堵剂一般为超细碳酸钙粉，用于必须酸化才能投产的储层；水溶性桥堵剂一般为溶解速率较慢的盐粒，用于含水饱和度较高和产水量较大的储层；油溶性桥堵剂一般为油溶性树脂粉末，用于油产量较大的储层。

（杨贤友）

【油基射孔液 oil-base perforating fluid】 以石油为基液的射孔液。用于低渗透率、低孔隙度、低压力和强水敏性的深井、超深井和复杂井等非常特殊情况下的射孔作业，现场应用比较少。油基射孔液包括油包水型乳状液和油包水胶束溶液，可直接采用原油或柴油与添加剂配制而成。油包水型乳状液由柴油、油酸、乳化剂、盐水等组成。油基射孔液性能稳定、无腐蚀性和保护储层效果好，但配制工作量大、成本高和容易造成环境污染。

（杨贤友）

【酸基射孔液 acid-base perforating fluid】 以酸液作为基液的射孔液。适用于灰质砂岩或石灰岩储层，不适合用于酸敏性及含硫化氢高的储层射孔，现场应用较少。酸基射孔液分为常规酸基射孔液和隐性酸基射孔液两类。常规酸基射孔液在醋酸、稀盐酸等酸液中加入缓蚀剂、阳离子黏土稳定剂等添加剂配制而成；隐性酸基射孔液在海水或盐水中加入水解产生酸的盐类、阳离子黏土稳定剂、螯合剂、缓蚀剂和密度调节剂等配制而成。

酸基射孔液利用酸液溶解灰质岩与杂质的能力，使孔眼堵塞物与压实带得到一定的清除，提高油气流通道的渗流能力，同时阳离子成分对黏土产生抑制作用，防止其水化膨胀对储层造成水敏伤害。缺点是腐蚀性大。

（杨贤友）

【**乳化液射孔液 emulsion perforating fluid**】 以乳化液作为基液的射孔液。适用于低压易漏失砂岩、稠油和古潜山裂缝性储层，现场应用较少。分为油包水乳化液和水包油乳化液两种射孔液。油包水乳化液射孔液是以油为连续相、水为分散相的油包水乳化液，在柴油或原油中加入盐水、乳化剂、密度调节剂和聚合物等配制而成。水包油乳化液射孔液是水为连续相、油为分散相的水包油乳化液，在淡水或盐水中加入柴油或原油、乳化剂、密度调节剂和聚合物等配制而成。

乳化液射孔液的密度低（最低密度可达到 $0.89g/cm^3$）、性能稳定、抗高温、抑制黏土水化膨胀能力强、不容易漏失和保护储层的效果好。缺点是配制工作量大和成本较高。

（杨贤友）

【**射孔方案 perforation proposal**】 对采油井与注水井的射孔原则、射孔层位、射开程度或预留的厚度、孔密等进行的设计和部署。射孔方案的主要内容包括射开层段、射孔方式的选择、射孔设计及参数优选、射孔原则、射孔安全注意事项等内容。

射孔层段选择：按油气田开发实施方案的规定进行。

射孔方式选择：从电缆输送射孔、过油管射孔、油管输送射孔或连续油管传输射孔、射孔与测试联作、高能气体压裂或其他作业联作等射孔方式中选择。

射孔设计及参数优选：在满足油气井工程和地质要求的前提下，通过分析不同孔深、孔径、孔密等射孔参数对产能的影响，优选合适的射孔枪、负压值、射孔液及射孔方式，利用射孔优化设计软件进行单井或区块射孔方案优化设计，给出射孔方案，以达到保护层和提高油气井生产能力的目的。

射孔原则：（1）属于同一开发层系的所有油层，原则上都要一次性全部射孔。调整井应该根据情况另作规定。（2）注水井和采油井中的射孔层位必须相互对应。在注水井内，凡与采油井相连通的油层、水层都应该射孔，以保证相邻油井能受到注水效果。（3）用于开发井网的探井、评价井和开发资料井，要按规定的开发层系调整好射孔层位，该射的补射，该堵的封堵。（4）每套开发层系要根据油层的分层状况，尽可能地留出卡封隔器的位置，在此位置不射孔。厚油层内部也要根据薄夹层渗透性变化的特点，适当留出卡封隔器的位置。（5）具有气顶的油田，要制订保护气顶或开发气顶的原则和措施。为防止气顶气窜入油井，在油井内油气界面以下，一般应保留足够的厚度不射孔。（6）厚层底水油藏，为了防止产生水锥，导致油井过早水淹，一般在油水界面以上，保留足够的厚度不射孔。

📝 推荐书目

万仁溥.采油工程手册（上册）［M］.北京：石油工业出版社，2000

刘德华，刘志森.油藏工程基础［M］.北京：石油工业出版社，2004.

（于乐香）

【射孔孔密 shoting density】 射孔完井时油层每米厚度上所射的孔数，单位为孔／m。射孔孔密与油气层性质有关，孔密过小，油气井完善程度差，井壁阻力大，产量低，提高孔密增产效果很明显。但当孔密增大到某一程度时，提高孔密的增产效果就不明显了，而且孔密太大还会造成套管伤害，增加射孔成本。在油气井产量与套管损坏、射孔成本之间有一个合理的射孔密度。

（谢兴礼 高小翠）

【射孔孔径 aperture】 射孔弹在地层中所形成的孔眼直径。孔径对油气井的产能有一定的影响，大的孔眼直径可以为流体提供较大的通道，而不易被沉积物所阻塞，使流体进入井眼时的压力差减少。当孔径大于10mm、孔深小于228mm时，孔径的变化对产能的影响较大。中国国内油田射孔孔径常采用8～12mm。

（于乐香 景 成）

【射孔相位 angular phase】 射孔弹轴线在垂直于射孔器轴线平面上投影的相对位置，通常用投影间夹角度数或投影方向数表示。有2、4、8、16相位等，或表示为180°、90°、60°、45°相位等。

（于乐香 景 成）

【射孔负压值 negative pressure value of perforation】 负压射孔所需的压力值。负压射孔能减少压井液对地层的再次污染，并可利用地层压力将射孔孔道的部分堵塞物冲出，改善油气井的生产能力，地层渗透率和流体性质决定了负压射孔所需的压力值。

（于乐香 景 成）

【射孔穿透深度 perforation penetration depth】 在地面打贝雷砂岩靶或混凝土靶的穿透深度数值。在地层条件下的射孔穿透深度要通过折算才能获得。折算方法主要有抗压强度折算法、孔隙度折算法、渗透率折算法、利用混凝土靶穿深估算出在贝雷砂岩靶中的射孔穿透深度。

（于乐香 景 成）

【排液 flowing back】 通过气举、抽汲、提捞、泵排等方式将井筒内的液体排出，以降低井内液柱压力的作业。油田试油常用排液方式有：

（1）气举排液。用气介质排出井内的液体，使井筒液柱压力变小，引导油流进入井内的方法。气举能达到的最大排空深度是由压风机的工作压力决定的。超过压风机的最大排空深度，可采用气举阀分段气举。使用气举阀气举，使油套管空间液面下降至气举阀后，气体顶开阀球进入油管，举升液体至井口。气举法诱喷效率高，适用于岩层胶结坚固、不易出砂的产层。空气气举不适用于含天然气的井，否则有井筒爆炸的危险。

（2）抽汲排液。用油管抽子将井内液体抽出来，达到降低井筒内液面、排出井内液体的目的。用专用的油管抽子、加重杆等连接于钢丝绳上，用通井机作为动力，通过地滑车、井架天车、防喷盒、防喷管下入油管中，在油管中上下运动。上提时，抽子以上管内的液体随抽子的快速上行运动一起排出井口；下放时，抽子在加重杆的作用下又下入井内液体以下的某一深度。反复上提下放抽子，达到油井排液的目的。除用通井机作为抽汲动力外，还有专门的抽汲设备——抽汲车，它自带扒杆，适用于无井架和无作业动力的油井。

（3）提捞排液。用动力绞车绞动钢丝绳，将绳端所系的提捞筒在井筒内上下运动，把井筒内液体提捞出地面达到油井排液的目的。适用于油井不能自喷，产量较低，液面相对较深的井。

（4）混气水排液。从套管（或油管）用压风机和水泥车同时注气泵水，替置井内液体，随着混气液相对密度从大到小逐级注入，井底回压也随之下降，通过降低井筒内液体密度的方法来降低井底回压，使地层和井底建立越来越大的压差，达到诱喷的目的。

（5）液氮排液。使用专用液氮泵车，将低压液氮转换成高压液氮，并使高压液氮蒸发注入井中，替出井内液体。这是一种安全的排液方法，现场应用比较普遍。氮气与井内天然气不发生化学反应，适用于油井射孔后排液，特别适用于凝析油气井、气井或预计可能有较大天然气产出井的排液。

（6）水力泵排液。以地面高压动力液驱动井下泵工作产生负压，达到排液的目的。水力泵属于一种无杆泵，包括水力活塞泵、水力喷射泵。

（7）纳维泵排液。通过钻杆带动井下泵的转动实现排液的方法，对黏度较大、有一定的含砂量的地层有较好的适用性。

诱喷和排液使用的设备主要有试油用泵车、气体压缩机、连续油管车、液氮泵车等。

（李东平　冉晓锦）

【诱喷 induced flow and unloading】 油井完成后采用人工方法降低井内液柱的压力，使井筒液柱压力低于地层压力，诱导地层流体进入井筒或喷出地面的作业。

诱导油流是试油工作的第一道工序。诱喷的实质是降低井低压力，在油层与井底之间形成压差，使油气流入井内。其目的是满足求产、取样等测试要求。

降低井筒内液柱压力的方法分为两种：一是通过减小井内液柱密度即用密度较小液体置换井筒内密度较大的液体，通常称为替喷；二是通过提捞、抽汲、气举、混气水排液、液氮排液、泵排等方式将井筒内的液体排出，通过降低井筒内液柱高度以降低液柱的压力，通常称为排液。

诱喷的强度要根据油层套管和油气层的情况严格控制，如套管的抗外挤强度，油层岩石的胶结情况，底水油层以及油气层的速敏反应等。

（李东平　舟晓锦　蒲春生）

【替喷 well flow by displacement】 用密度较小的液体（一般为清水或清洁原油）逐步替出井内密度较大的压井液，减少井内液体的相对密度，使井底液柱压力小于油（气）藏压力，诱导油气从油气层流入井内、再喷出地面的作业。分为一次替喷和二次替喷。替喷的方式可采用正循环替喷亦可采用反循环替喷，为使井底压差较小不致造成井漏，应采用正循环替喷。在井不漏的情况下，为了更好携带井下脏物、清洁井底，宜采用反循环。无论采用哪种方式，替喷过程中都要大排量连续进行，中途不停泵。

替喷能够缓慢均匀地建立井底压差，不致因骤然建立大压差而引起井壁坍塌和油层大量出砂；缺点是压差较小，诱导油流的能力较差。

一次替喷法：将油管下至油层中、下部，装井口接好循环管线，用泵将地面准备好的替喷液连续替入井内，直到井内压井液全部替出为止。此法简单，但是，对于油管鞋至井底这段钻井液替不出来。

二次替喷法：将油管下至人工井底一米处，装好井口，先用原压井液循环洗井，达到要求后向井内注入清水，其量等于井底至油层顶部的井筒容积，用压井液将清水替到油层顶部，然后上提油管到油层中、上部，装好井口再按一般替喷法替喷。此法可将井底钻井液替出，但工序复杂一些，可用于底坑（口袋）较长的井。

（李东平　舟晓锦）

【气举 gas lift】 利用压缩机向油管或套管内注入压缩气体，使井内液体从套管或油管中排出的方法。气举有正气举和反气举之分。

正气举：从油管压入空气使液体从套管返出，当高压气体到达油管鞋时便和液体混合进入套管，此时油井被举通，井底压力开始下降，随着液气混合物从套管中迅速上升，井底压力便很快降低使油气流流入井内并喷到地面。

反气举：从套管压入空气从油管返出，当高压气体到套管鞋时，便和液体混合进入油管，混合时油管被举通，井底压力开始下降地层流体流入井内并喷到地面。

（蒲春生　于乐香　吴飞鹏）

【抽汲 swabbing】 利用抽子及带胶皮圈和阀门的抽子在油管内上提下放，使井内液体排出井外诱喷方法。用以降低井内液柱压力、诱导油气流或对低压低产井测试求产量。抽子：主要由中心管、阀球的胶皮组成。

抽汲过程：用绞车钢丝绳将抽子下入油管一定深度，然后迅速上起钢丝绳，此时，阀球坐在阀座上，胶皮紧贴油管壁。因此，将抽子以上液体抽出油管，使井筒中液柱高度降低，依次重复进行抽汲直到诱喷成功。

抽汲深度受到绞车功率、钢丝绳承载能力的限制。同时，抽子胶皮容易磨损引起漏失。抽汲诱喷的效率降低，抽汲深度越深，效率越低。此方法适用于岩石坚硬、不易出砂和坍塌的油井诱喷。

（蒲春生　于乐香　吴飞鹏）

【提捞 bailing】 用提捞筒下入井内液柱以下，把液体一筒一筒地提捞上来以降低井底压力的方法。诱喷使井筒中的静液柱压力小于油层压力，并清除井底沙粒和泥浆等污物，才能使油层的油、气等流体连续不断的渗透压流到井底，并被举升到地面上来。

提捞筒筒身由无缝钢管制成，其外径应比油层套管小 15mm，筒底部有一个单向阀，将提捞筒下放时，井内液体提至地面。因工效低，已很少使用。

（蒲春生　于乐香　吴飞鹏）

【地层测试 formation test】 钻井过程中或完井之后，利用钻杆或油管将地层测试工具下入目的层求产、取样，以获取动态条件下目的层参数的工作过程。将地层测试工具送入井内后，使封隔器膨胀坐封，将测试目的层与其他层段隔开，然后由地面操作井下测试阀进行开、关井。开井流动求得产量，关井测压求取压力恢复数据及井下流体样品。测试的全过程记录在压力记录仪上。根据实际记录的压力温度数据，对目的层的特性进行解释评价。

按封隔器坐封条件分为裸眼测试和套管测试；按测试时机分为中途测试和完井测试；按测试方式分为常规测试和综合测试。

地层测试具有快速、经济、获取资料多的特点。通过对地层测试获得的压力—时间关系曲线分析，可获取动态条件下地层和流体的各种资料，计算出地层和流体的特性参数，从而及时准确地对油气藏做出评价，为估算油、气储量和编制油（气）田开发方案提供依据。

随着油气勘探及科学技术的不断发展，水平井、高温高压井、含硫化氢井地层测试技术逐渐成熟，并形成射孔—测试联作等综合测试技术；地层测试工具日趋智能化；井下压力、温度数据日趋实现无线传输，包括井下发射器将数据向井口接收器的无线传输，井口接收器向卫星的数据传输，卫星向解释中心、油田基地的数据传输等。

（庄建山　任永宏）

**【钻杆地层测试　drill stem test；DST】**　应用专门的测试管柱，采取井下开关井方法，专门针对钻井和完井过程中的油气井进行测试分析的试井方法。又称钻杆测试、中途测试和DST。可在钻井过程中或完井之后对油气层进行测试，可获得在动态条件下地层和流体的各种参数，从而及时准确地对产层做出评价。

钻杆地层测试既可以在已下入套管的井中进行测试，也可在未下入套管的裸眼井中进行测试；既可在钻井完成后进行测试，又可在钻井中途进行测试。测试时座封隔裸眼井底，避免泥浆柱压力影响，使地层内的流体进入测试器，进行取样、测压等，减少了储层受伤害的时间和多种后续井下作业对储层的影响，可以有效保护储层，是对低压低渗透和易伤害油气层提高勘探成功率的有效手段之一。这种方法速度快、获取的资料多，是最经济的"临时性"完井方法。对生产井段进行短期模拟生产。

用钻杆或油管将测试工具（包括：压力温度记录仪、封隔器、测试阀等）下入测试层段，让封隔器胶筒膨胀坐封于测试层上部，将其他层段和钻井液与测试层隔离开来，然后由地面控制，将井底测试阀打开，测试层的流体经筛管的孔道和测试阀流入管柱内，直至地面。

井底的测试阀由地面进行控制，可以进行多次的开井和关井，开井流动求得产量，关井测压求得压力数据。测试的全过程记录在机械压力计的一张金属卡片上和电子压力计的储存块上，根据压力、温度记录仪和电子压力计记录的压力温度数据，进行评价解释测试层的特性和产能性质。

*测试工具*　包括：（1）MFE地层测试器。利用管柱重量坐封封隔器，并用管柱操作井下测试阀开启、关闭测试阀的地层测试器，常用于陆地直井（各种规格套管井和裸眼井）地层测试。（2）膨胀式地层测试器。主要由液压开关、取样器、膨胀泵、滤网接头、上封隔器、组合带孔接头、下封隔器、阻力弹簧器等组成，在下井过程中，环空钻井液通过膨胀泵的单向阀或收缩拉开状态的释放系统进入上封隔器，经过隔离管柱流入下封隔器，使上下胶筒内外压力平衡。当到达被测试地层后，用钻柱以60～90r/min转速旋转膨胀泵，将环空钻井液同时增压泵入上下封隔器，使其膨胀坐封。

📖 推荐书目

《试油监督》编写组.试油监督［M］.北京：石油工业出版社，2004.

（蒲春生　于乐香　吴飞鹏）

【环空测试 well test in casing-tubing annulus】 把井下压力计（含温度计）从油、套管环形空间中下入井内进行压力、温度测试的方法。又称偏心测试。下入深度有时也可以超过油管深度，到达油层中部位置，进行井底压力测量。

进行环空测压时必须配备下面的专用仪表和设备：（1）小直径压力计。由于油、套管环形空间间隙很小，例如采用 $\phi$139.7mm 套管和 $\phi$63.5mm 油管完成的井，环形空间可通过间隙只有 36mm，常规的压力计无法下入，因此只能使用特制的小直径压力计，这种压力计的外径只有 19mm 或更小。（2）偏心、可转动的井口装置。专用的偏心测试井口采油树把生产用的油管摆放到套管内一侧，空出月牙形空间，安装另外的立管，供压力计下入井内时通过。（3）与偏心井口配套的井口密封装置。

📖 推荐书目

《试井手册》编写组.试井手册［M］.北京：石油工业出版社，1991.

（蒲春生　于乐香　吴飞鹏）

【生产测试 production test】 油、气、水井投入生产以后，对油气水井工程状况进行的测试。又称油气水井工程测试。主要包括油气井产出剖面测井、注水井注入剖面测井、压力剖面测井、井温测井、钻完井工程质量测试和地层参数测井等。

生产测试是 20 世纪 60 年代开始发展起来的一门新的测试技术。吸收了测井技术的许多成熟的工艺，针对的测试对象则是下入套管并投入生产的油井、气井、水井。除产出和注入剖面外，还可以完成井筒中一些特殊项目的测试，进行分层地层参数的研究等。

产出剖面测井　在油气井正常生产条件下，测取分层段的产量及流体性质资料，从而分析各分层的产量剖面，进而有针对性地提高井、层利用效率，达到全井稳产高产。根据作用仪器工作形式可分为集流型测量和非集流型测量两种类型：（1）集流型测量。在仪器外侧撑起一个皮球，阻断仪器和生产管柱之间环形空间内流体的流动，使液流全部从仪器内腔流过，从而达到准确记录液流流量的目的，这种测量方式主要针对中小产量井。（2）非集流型测量。采取测量井筒内中心流速的方法，折算出整个截面的流量，针对的是高产量井，使用的环境可以是自喷井，也可以在抽油井中通过油套管环形空间下入仪器进行测量。

应用产出剖面测井可以确认在某一特定工作制度下多层合采的油气井中，哪些层产出流体，哪些层由于堵塞或工作制度不合理，不能产出流体；并且还可以通过密度、持水率等指标的测试，判断产出流体性质、含水情况等，为储层改造、合理工作制度选择、堵水措施的选层等提供依据。

注入剖面测井　在合注井正常工作条件下，测试吸水量与深度之间的关系，从而判断各分层的吸水剖面，并可分析漏失、窜槽等管柱上出现的问题。

常用的吸水剖面测量仪器在井内录取流量、井温、同位素示踪剂、压力和磁性定位信号5个参数与地层深度之间的关系。其中前4个参数表明井的流动状况，而最后的磁性定位信号则用来标定和校正仪器下入深度。

压力剖面测井　常常与产出剖面测井、注入剖面测井一同进行，应用多参数测井仪同时取得压力剖面数据，用来进行产出或注入剖面综合分析。生产测井仪中常用应变式压力传感器或石英式压力传感器进行压力变送并记录。另外，分层的不稳定压力数据还可以用来作地层参数分析。

井温测井　录取的是静止的和生产状态下的井温、井温梯度与井的深度之间的关系。井温剖面测井常常与产出剖面测井、注入剖面测井一起，采用多参数测试仪同时录取资料。井温曲线或井温梯度的异常变化，可以用来确定产液、产气层位，并可用来检查套管漏失，层间窜槽，识别地层大裂缝的存在等。生产测井仪中经常应用铂电阻温度计或半导体热敏电阻温度计进行温度传感并记录，在起下过程中录取井温梯度。油气井部分层位产出油、气或水，注水井各层位的不同吸水状况，套管外窜槽、泄漏等因素，都会导致温度梯度异常。从井温曲线的异常变化分析，可以对上述情况做出分析判断。

钻完井工程质量测试主要包括油套管工程测井、水泥环工程质量测井和动用层措施后工程质量测井。

（1）油套管工程测井　采用机械、磁性、声波等方法，可以测量套管内径、壁厚、变形方位及斜度等参数，用来检查管柱结构状况、射孔部位及射孔状况、油套管损坏变形情况等，为修井、补孔等措施提供依据。

（2）水泥环工程质量测井　采用声波、核密度、氧活化等方法，可以测量固井水泥与套管、地层岩石的胶结情况，以及水泥环厚度、密度、抗压强度，并确定管外窜流井段等，为修井措施提供依据。

（3）动用层措施后工程质量测井　采用磁性、微差井温、同位素示踪等方法，确定射孔部位、压裂裂缝分布、酸化后导流能力等，检查补射孔、压裂、酸化等措施后的施工质量。

地层参数测井　采用中子、伽马等测井方法，识别产出层井段，计算产出层渗透率，油/水、气/水界面上升情况，剩余油饱和度变化情况等，为采出制度调整提供依据。

（蒲春生　于乐香　吴飞鹏）

【**裸眼支撑测试 supported well test in bore hole**】 封隔器坐封在裸眼井段，将测试管柱底部支撑于井底进行测压、求产、取样，以获得动态条件下目的层参数的测试方法。裸眼支撑测试分为裸眼单封隔器支撑测试、裸眼双封隔器支撑测试。最常用的测试工具为 MFE 测试工具。有 $\phi$95mm 和 $\phi$127mm 两种规格，适用于不同尺寸的裸眼井测试。

单封隔器裸眼支撑测试管柱结构一般为（从下到上）：管鞋 + 钻铤 + 重型筛管 + 压力记录仪托筒 + 裸眼封隔器 + 安全密封 + 安全接头 + 钻铤 + 压力记录仪托筒 + 震击器 + 裸眼旁通 + 多流测试器 + 压力记录仪托筒 + 钻铤 + 断销式反循环阀 + 钻杆 + 泵出式反循环阀 + 钻杆。

裸眼支撑测试易卡钻，风险大，必须采用优质压井液，测试前充分通井循环；测试时间根据裸眼井的井身质量、压井液性能来确定，对于砂泥岩地层一般测试时间在 6～8h 内，对于碳酸盐岩地层可适当延长；开关井时间要根据井眼条件允许停留的时间来确定，对于砂泥岩裸眼井测试，一般采用二开二关的工作制度。初开井 3～5min、初关井 1h、终开井 1～2h、终关井 2～4h 为宜，如果条件不允许，可以采用一开一关的方式进行测试，开井 1～2h、关井 2～4h；对于碳酸盐岩地层的测试，可以适当延长开关井时间，初开井 30min 以内、初关井 2h、终开井 2～4h、终关井 4～8h；测试压差一般碳酸盐岩地层小于 35MPa，砂泥岩地层小于 20MPa；根据双井径曲线来选定封隔器坐封井段，一般坐封在地层岩性好、致密、坚硬及井径规则的井段，最好选在灰岩或胶结致密、坚硬的砂泥岩井段，支撑尾管一般不宜超过 80m。

裸眼支撑测试是钻井中途测试常用的方法，可经济有效地获取产能液性及地层资料。

📝 推荐书目

《试油监督》编写组.试油监督（上）[M].北京：石油工业出版社，2004.

《试井手册》编写组.试井手册（下）[M].北京：石油工业出版社，1991.

（庄建山　任永宏）

【**裸眼跨隔测试 straddle well test in bore hole**】 在裸眼井段内，目的层上、下各下一组（或一个）封隔器，将目的层与其他渗透层隔开而进行测压、求产、取样，以获得动态条件下目的层参数的测试方法。依据封隔器坐封方式不同分为裸眼支撑式跨隔测试和膨胀式跨隔测试。常用的测试工具主要为 MFE 测试工具和膨胀式测试工具。

当目的层距井底较近时选用裸眼支撑式跨隔测试（见裸眼支撑测试）。其管柱结构一般为（从下到上）：管鞋＋钻铤＋压力计托筒＋裸眼封隔器＋安全接头＋盲接头＋钻铤＋压力计托筒＋重型筛管＋裸眼封隔器＋安全密封＋钻铤＋震击器＋裸眼旁通＋多流测试器＋钻铤＋断销式反循环阀＋钻杆＋泵出式反循环阀＋钻杆。

当目的层距井底较远时，若下部加过长的尾管有可能卡钻，而且管柱弯曲易使封隔器偏心导致密封不严，此时应选用膨胀式跨隔测试。其操作原理见图。（1）工具下井：下井时，液力开关测试阀关闭，旁通通道使两个封隔器上下方的流体连通，封隔器处于收缩状态；（2）封隔器坐封：测试工具下至预定位置后，以 60r/min～80r/min 的速度向右旋转管柱，膨胀泵以 0.038m³/min 的排量，将过滤的压井液吸入，充入到两个封隔器胶筒中，使其膨胀坐封；（3）流动测压：下放管柱加压 66723～88964N 负荷，液力开关阀经延时一段时间后打开，地层流体经组合带孔接头、液力开关阀进入钻杆，进行流动测压；（4）关井测压：上提管柱，施加 8896～22241N 的拉力，液力开关阀即可关闭，进行关井测压。重复上提下放操作可进行多次开关井测试；（5）平衡压差：测试完毕，下放管柱给膨胀泵加压 22241N，顺时针旋转管柱 1/4 圈，使膨胀泵离合器啮合，管柱自由下落 50.8mm，推动阀滑套下行，使测试井段与环空压力平衡，此时膨胀通道与环空不连通；（6）解封：上提管柱，施加 8896～22241N 的拉力，把膨胀泵的芯轴向上提起，让阀滑套留在下部位置，膨胀通道与环空连通，封隔器胶筒泄压收缩解封。

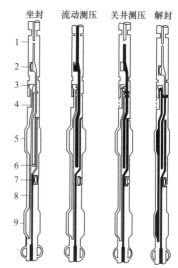

膨胀式测试工具操作过程示意图

1—液力开关阀；2—内压力温度记录仪；
3—膨胀泵；4—滤管短节；5—上封隔器；
6—组合带孔接头；7—外压力温度记录仪；
8—旁通管；9—下封隔器

裸眼膨胀式跨隔测试管柱结构一般为（从下到上）：阻力弹簧＋下封隔器＋间隔钻铤＋外压力温度记录仪托筒＋组合带孔接头＋上封隔器＋滤网＋井下膨胀泵＋安全接头＋震击器＋内压力温度记录仪托筒＋取样器＋液力开关阀＋压力温度记录仪托筒＋钻铤＋断销式反循环阀＋钻杆＋泵出式反循环阀＋钻杆。

（蒲春生　于乐香　吴飞鹏　景　成）

【**套管常规测试 cased conventional well test**】 封隔器坐封在套管内进行测压、求产、取样，以获得动态条件下目的层参数的测试方法。常用的测试工具主要有 MFE 测试工具、HST 测试工具、APR 测试工具、PCT 测试工具等。根据测试井的实际情况选用相应工具。适用于套管射孔完井或套管下部裸眼测试。按不同井别（参数井、预探井、评价井等）的主要钻探目的，自下而上分层测试，逐层逐段取全取准资料，不允许采取大段合试的办法，测试厚度一般应在10~20m，最长不宜超过50m。测试时间的确定和开关井时间的分配主要以取全取准资料为主，既要测得储层的稳定产量，又要取全压力恢复的完整数据。也可以采用多于二次开关井的办法来确定油藏是否有衰竭，或采用三开加抽汲的办法彻底弄清目的层产液性质。有时为了判断油藏的类型及边界情况，需要长时间关井。

对于常温常压井，套管常规测试从工具选型、工艺设计等方面要求都比较简单。以 MFE 测试工具为例，其操作原理与裸眼支撑测试基本相同，由液压锁紧接头和套管封隔器分别代替安全密封和裸眼封隔器。管柱设计一般为（自下而上）：压力温度记录仪+带槽尾管+套管封隔器+安全接头+钻铤+液压锁紧接头+多流测试器+压力温度记录仪托筒+油管/钻铤+断销式反循环阀+油管/钻杆+泵出式反循环阀+油管/钻杆。

对于地层压力大、温度高、高产油气井或含 $H_2S$、$CO_2$ 等酸性气体的井，通常采用 APR 测试工具或 PCT 测试工具。以 APR 测试工具为例，其操作原理为：（1）工具下井：下井前，LPR-N 测试阀在地面预先充好氮气，球阀处在关闭位置。工具下井过程中，在补偿活塞作用下，球阀始终处于关闭状况。（2）封隔器坐封：APR 测试工具下至预定位置后，向右旋转管柱，加压使封隔器坐封。（3）流动测压：向环空加预定压力，压力传到动力芯轴使其下移，带动动力臂使球阀转动，实现开井。（4）关井测压：释放环空压力，在氮气压力作用下，动力芯轴上移带动动力臂，使球阀关闭。如此反复，从而实现多次开关井。（5）解封：终关井结束后，上提管柱施加拉力，封隔器胶筒收缩，即可解封起出。

APR 测试工具管柱结构一般为（从下到上）：全通径压力温度记录仪托筒+RTTS 封隔器+RTTS 安全接头+液压旁通+震击器+LPR-N 测试阀+泄流阀+APR-M2 阀（RDS 阀）+钻铤+APR-A 阀（RD 阀）+钻杆/钻铤+伸缩接头+钻杆。

📖 推荐书目

《试油监督》编写组.试油监督（上）［M］.北京：石油工业出版社，2004.

（朱礼斌　薛敬利）

【**套管跨隔测试** cased straddle well test】 在套管内有多个射开层段存在，而只选择其中一层或相连的几个层段测试时，则在目的层的上下各下一个封隔器与其他层段隔开而进行的测试。常用的测试工具为 MFE 测试工具、HST 测试工具和 APR 测试工具。

在套管跨隔测试中增加了剪销封隔器。剪销封隔器与卡瓦封隔器配合使用，当卡瓦封隔器坐封后，继续加大负荷，剪销封隔器的剪销剪断坐封，从而对测试层段进行跨隔测试。以 MFE 测试工具为例，管柱结构一般为（从下到上）：压力温度记录仪＋带槽尾管＋卡瓦封隔器＋盲接头＋安全接头＋油管／钻铤＋压力记录仪托筒＋重型筛管＋剪销封隔器＋液压锁紧接头＋多流测试器＋压力记录仪托筒＋油管／钻铤＋断销式反循环阀＋油管／钻杆＋泵出式反循环阀＋油管／钻杆。

套管跨隔测试从工具选型、工艺设计等方面比套管常规测试较为复杂，施工难度较大。

（庄建山　薛敬利）

【**地层测试与其他作业联作** combination of formation well test and other operation】将不同的测试工具与其他试油工序组合在一起的联合作业。主要包括：射孔与地层测试联作；射孔与跨隔测试联作；射孔、测试与水力泵排液三联作；射孔、测试和跨隔封层水力泵排液三联作；跨隔射孔、测试和水力泵排液三联作；射孔、测试、酸化和水力泵排液联作。

地层测试与其他作业联作可以使多道工序在一趟管柱中完成，有利于取全取准各项资料数据，能有效地缩短施工周期，提高工作效率，减小工作强度；同时由于减少了起下管柱和洗压井的次数，可以有效地对地层进行保护，提高作业的安全性，是试油工艺的发展趋势。

（朱礼斌　刘　铮）

【**射孔与地层测试联作** combining operation of well test and tubing conveyed perforation】射孔器和测试工具同时入井，实现射孔和地层测试两道工序一次完成的测试工艺。常用的测试工具主要有 MFE 测试工具、HST 测试工具、PCT 测试工具和 APR 测试工具等，通常根据井眼条件选择不同的测试工具和点火方法。

将射孔器连接在测试管柱下部，下至目的层后校深，坐封开井，通过环空加压或投棒引爆射孔器射孔后，直接进行测试（见套管常规测试）。射孔与 MFE 测试工具联作时，由于 MFE 测试工具内径小且为非全通径，点火方式只能采用环空加压式点火；射孔与 APR 测试工具或 PCT 测试工具联作时，既可采用机械投棒式点火又可采用环空加压式点火。但在测试工具和井眼条件允许的情况下，应优先选用机械投棒式点火。

以 MFE 测试工具为例，管柱结构一般为（自下而上）：射孔枪＋点火头＋减振器＋带孔接头＋封隔器＋传压接头＋安全接头＋压力温度记录仪托筒＋液压锁紧接头＋多流测试器＋压力温度记录仪托筒＋油管／钻铤＋断销／泵出式反循环阀＋油管／钻杆＋校深短节＋油管／钻杆。

射孔与地层测试联作改变了传统的射孔、测试单独作业，实现了一次管柱下井完成射孔和测试二道工序，减少了一次压井和起下管柱，缩短试油施工周期，提高工作效率。同时，减少了对油层的伤害，提高了施工安全性。

（庄建山　任永宏）

【射孔与跨隔测试联作 combining operation of straddle well test and tubing conveyed perforation】 用跨隔的方式对目的层进行射孔与地层测试的联合作业。适用于 $\phi139.7mm$、$\phi177.8mm$ 套管直井、斜井、水平井、稠油井、深井、高温高压井试油作业。不适用于出砂严重的地层。

在两级封隔器之间为射孔枪及其引爆系统、减振系统、射孔枪引爆瞬间高压释放装置等，与地层测试工具一起下入井下预定位置，校深后坐封两级封隔器，然后引爆射孔枪，直接进行地层测试（见套管常规测试）。

以 MFE 测试工具为例，常用的测试管柱（自下而上）为：压力温度记录仪＋减振器＋盲接头＋卡瓦封隔器＋安全接头＋压力释放装置＋射孔枪＋液压点火头＋解脱装置＋防砂管＋剪销封隔器＋传压接头＋震击器＋减振托筒＋锁紧接头＋多流测试器＋钻杆／油管＋反循环阀＋钻杆／油管＋校深短节＋钻杆／油管。

射孔与跨隔测试联作是从射孔和跨隔测试作业发展起来的一项联合技术，具有射孔—测试联作的各项优点。可任意选择目的层进行施工，减少施工工序，节约施工成本，提高施工效率。

（庄建山　任永宏）

【射孔、测试与水力泵排液三联作 three combining operation of tubing conveyed perforation, well test and outflow by hydraulic pump】 下一趟管柱完成射孔、地层测试和水力泵排液的试油作业。对常规水力泵泵筒的结构进行了改进，用滑套控制油管内与油套环空的连通，满足负压射孔与测试的要求；在水力泵泵筒下增加托砂皮碗，通过循环的动力液可有效地将杂物和地层出砂带到地面，避免出现砂卡管柱和井下工具。

以 MFE 测试工具为例，常用的测试管柱（自下而上）为：枪身＋点火头＋减振器＋筛管接头＋封隔器＋传压孔＋安全接头＋震击器＋压力记录仪＋液压锁紧接头＋多流测试器＋监测压力记录仪＋球座＋水力泵＋定位短节＋钻杆/油管。

主要特点：（1）射孔、测试、排液三项工序所需管柱，可一次下井联作完成；（2）可实现负压射孔，射孔—测试—排液整个过程不压井，不换管柱，避免油层伤害；（3）采用水力泵排液，最深负压可达 30MPa 以上，实现大压差深排；（4）可实现长时间连续排液求产；（5）水力泵动力液可加温 85℃ 以上，并可在循环液中加破乳降黏剂，满足高凝稠油需要；（6）免去常规试油中的压井、换管柱的反复作业，可缩短周期，节约投资；（7）传压托砂皮碗适用于出砂井，避免出现砂卡管柱和井下工具；（8）工艺简单，资料录取齐全准确。

射孔、地层测试与水力泵排液三联作技术集大孔径深穿透负压射孔技术、地层测试技术和水力泵排液技术的优点为一体，实现了连续排液，减少了洗、压井次数和起下作业次数，节约成本，降低劳动强度，达到了在获取准确可靠的各项地层参数的同时防止地层二次伤害的目的。

（李东平　于庆国）

【射孔、测试和跨隔封层水力泵排液三联作 three combining operation of tubing conveyed perforation，well test and outflow by hydraulic pump of straddle separate layer】 用双封隔器封隔上面已测试层，测试下面目的层，实现下返射孔、地层测试和水力泵排液的试油作业。是实现快速试油、分隔测试的有效方法。当双封隔器坐封后，采用环空打压或借助油套压差延时机构完成射孔程序；射孔后进行开关井测试；测试结束，关闭测试器，打开水力泵滑套，进行洗井，确定液性。如需泵排则打开测试器，投泵芯进行水力泵排液。

以 MFE 测试工具为例，常用的测试管柱（自下而上）为：泄压装置＋射孔枪＋延时点火头＋减振器＋筛管接头＋P-T 封隔器＋传压孔＋压力记录仪托筒＋剪销封隔器＋液压锁紧接头＋多流测试器＋监测压力记录仪＋球座＋托砂皮碗＋滑套水力泵＋定位短节＋钻杆/油管（见图）。

主要特点：（1）用封隔器代替堵层，可减

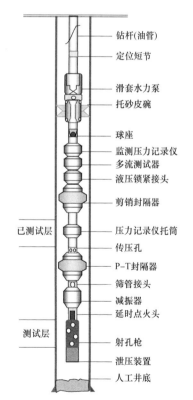

钻杆(油管)
定位短节
滑套水力泵
托砂皮碗
球座
监测压力记录仪
多流测试器
液压锁紧接头
剪销封隔器
压力记录仪托筒
传压孔
P-T封隔器
筛管接头
减振器
延时点火头
射孔枪
泄压装置
人工井底

已测试层
测试层

射孔、测试和跨隔封层水力泵
排液三联作管柱示意图

少工序、节约成本，缩短了试油周期，提高了效率；（2）施工层位的先后顺序可以任意选择；（3）具备射孔、测试与水力泵排液三联作试油工艺的各项优点。

（张文胜　于庆国）

【跨隔射孔、测试和水力泵排液三联作 three combining operation of straddle perforation，well test and outflow by hydraulic pump】 用一趟管柱实现对上返试油层进行跨隔射孔、地层测试及水力泵排液的试油作业。在目的层下面有打开层的情况下，采用两级封隔器，封隔器之间连接射孔枪，通过环空加压、投棒或者采用液压延时自动点火头引爆射孔枪，实现跨隔射孔、地层测试与水力泵排液施工。

以 MFE 测试工具为例，常用的测试管柱（自下而上）为：监测压力记录仪 +P–T 封隔器 + 泄压装置 + 射孔枪 + 加压点火头 + 减振器 + 筛管接头 + 剪销封隔器 + 压力记录仪 + 多流测试器 + 监测压力记录仪 + 球座 + 托砂皮碗 + 滑套水力泵 + 定位短节 + 钻杆（油管）。

主要特点：（1）用封隔器代替封层，减少了注水泥塞封层工序，节约成本，缩短试油周期，提高施工效率。（2）具备射孔、测试与水力泵排液求产三联作试油工艺的各项优点。（3）可以连续排液。（4）可在动力液中加入各种添加剂改善流体性质。可以充分发挥动力液的稀释、降凝、降黏等载体作用。在特殊井况的油井上广泛使用（如埋藏深、斜井、定向井、高含蜡及稠油井、含砂井）。（5）可携带井下流体取样器、井下压力记录仪一起下井，取得地层流体样品和测取地层流动压力。（6）井深适应范围跨度大，下深可以超过 5000m。（7）实现了一趟试油管柱完成跨隔射孔、地层测试与水力泵排液三种工艺，大幅度缩短试油周期，提高施工效率。

（张文胜　于庆国）

【射孔、测试、酸化和水力泵排液联作 combining operation of perforation，well test，acidizing and outflow by hydraulic pump】 射孔、地层测试完毕后，根据测试情况，利用地层测试管柱进行酸化、水力喷射泵排液的一种试油作业。在不动测试管柱的前提下进行酸化施工，使射孔、测试、水力泵排液和酸化四道工序用一次管柱完成，避免压井对地层造成伤害，同时减少起下管柱的次数，缩短试油周期，提高作业的安全性。

采用地层测试管柱进行酸化施工时，可以先通过水力泵把酸液替到管柱内部，在酸液进入套管以前关闭套管进行挤酸施工，减少进入地层的压井液体积，减少地层伤害；也可以在酸化施工后，及时启动水力泵进行排酸，防止地层二次伤害。

随着多功能测试阀的出现，水力喷射泵与地层测试工具和酸化压裂联作成为现实，可以实现利用地层测试管柱进行大型措施施工。由于使用环空压力控制工具动作，使得测试工具的开关更为安全、可靠。

（张文胜　于庆国）

**【求产 production test】** 在油气勘探中，通过各种工艺技术和方法求取地层产能、流体性质、压力、温度等资料的过程。一口井油气产量的大小，是衡量其生产能力高低的主要标志，是评价储层价值的主要参数，是计算储量、确定开采方案的重要依据。分非自喷井求产和自喷井求产。

试油（气）井求产应取全取准的资料：（1）产量。包括油量、气量、水量。（2）压力。包括井口油管压力、井口套管压力、试油层中部流动压力、地层静止压力、流动压力梯度和静止压力梯度。（3）温度。包括井口温度、流动温度、静止温度、流动地温梯度和静止地温梯度。（4）油、气、水样品。包括井口油样、水样、气样和井下高压物性（PVT）样品。

单井产量的大小主要受地层渗流能力和井筒流动能力制约（储层能量充足时），而井筒流动能力主要受流体摩阻、流体性质（黏度、凝固点）和冲蚀速度极限值制约，地层渗流能力受地层条件下流体黏度、渗透率、产层厚度及生产压差制约。由此可见，要想增产就需设法改善以上诸因素，如加大管径、降低黏度、改善渗透性等。可通过不同工作制度调整生产压差来控制和调整单井产量。

地层压力是评价油层能量的主要指标，是地层流体流入井内的动力，是钻井、试油、修井工程设计的重要参数，是试油过程中选择井控设备、压井液、放喷流程的主要依据，也是储量计算的重要参数。利用压力恢复数据可求地层参数。

油气层产能是指在某一生产压差下的产量，它能比较准确地反映油气井生产能力，产量随着生产压差的增大而提高。

（王宏声　张世林）

**【非自喷井求产 production test in nonblowing well】** 经诱喷后，对靠地层自身能量不能使地层流体流至地面的井的求产。通常，根据地层物理性质、液体性质、供液能力以及井筒条件、现场条件等情况决定采用何种求产方法。常用的方法有测液面求产、抽汲求产、气举求产、水力泵排液求产和机械泵举升求产等。

*测液面求产*　一般对于地层供液能力差的储层，采用气举或混气水等方法

将液面降至要求掏空深度范围内，然后采用测液面配合洗井及井底取样、测压的方法确定流体性质及产能。降低液面后在液面恢复过程中，下入压力记录仪连续测液面恢复压力（或间隔一定的时间测点），根据压力上升值计算日产液量。测液面后，洗出井内所出液体，计量油水量并取样分析。若地层产量低，则利用井下取样器取水样，确定地层水水性。

抽汲求产　按地层供液能力的大小定深度、定时间、定次数进行抽汲，使动液面始终保持在一定深度，连续求得一定时间的油水稳定产量。

气举求产　将管柱完成至试油层以上某一深度，采用定深、定时、定压气举，将井筒液体举出地面，求得油层产液量。气举周期由试油层供液能力确定。连续求得一定时间的油水稳定产量。

水力泵排液求产　分水力喷射泵和水力活塞泵排液求产两种。常用的是水力喷射泵排液求产，其原理是从进口泵入高压动力液，通过喷嘴、喉管及扩散管时，在喷嘴与喉管处形成一个负压区，从而吸入并携带地层液体，经出口返出地面，进行分离和计量。泵压和排量越高，产生负压越大，相应地层产量就越高。水力泵排液求产时地层液体与地面动力液混合产出，地层水样品不能直接在地面取得。当地层产液达到一定量后，在水力泵芯下部带上取样器进行取样。

水力泵排液时，通常在水力泵芯下部装有压力记录仪，记录整个排液过程中的流动压力和温度情况，可计算出生产压差，判断井下异常情况等信息。

与其他非自喷井求产方法相比，水力泵排液求产能够实现连续、深排，井筒液面可以降至3000m，可形成较大的生产压差，提高产量。对于稠油井，可以加热动力液或在动力液内加入降黏剂、降凝剂等，对稠油储层求产。适用于地层压力较低的稠油井、低压漏失井或措施改造后需要连续大量排液的试油层排液求产。

机械泵举升求产　利用机械泵将井内液体排至地面进行分离并计量的方法。常用的机械泵有纳维泵、螺杆泵、抽油泵、电潜泵等。其中纳维泵和螺杆泵适用于物性较好、供液能力较强的低压高产地层求产，可以泵排相对密度较大、黏度较高或带有较多固相的液体。

（王宏声　张世林）

【自喷井求产 production test in blowing well】　靠地层自身能量使地层流体流至地面的井进行的求产。通常采用分离器在不同的工作制度下分别求取油、气、水产量。分为气产量求产和油水产量求产。

气产量求产　利用专用计量器具，测出天然气瞬间流量再换算成标准状态（温度 20℃和压力 760mm Hg）下的日产气量。常用的测量工具有孔板式垫圈流量计、临界速度流量计及数字流量计。

（1）孔板式垫圈流量计：气量小于 3000m³/d 用水柱测量；气量在 3000～8000m³/d 之间用汞柱测量。测量时压差（$\Delta H$）保持在 75～150mm（水柱或汞柱）。

（2）临界速度流量计：适用于气产量大于 8000 m³/d 测量。常用的有 50.8mm 和 101.6mm 两种流量计。使用时要求 $p_下$（绝对）＜$0.546p_上$（绝对）。

若采用三相分离器，则气量可直接读出。

油水产量求产　根据油井自喷能力，选择合适的油嘴求产。两相分离器求产，需测出游离水（自然状态下和油分开的地层水）和乳化水（自然状态下不能和油分离开的水）的量，其中游离水的量一般用计量罐计量，乳化水是现场做含水化验取得的，分别求得油量和水量。

若用三相分离器则从仪表直接读取油气水量。

（王宏声　张世林）

【间喷井求产 intermittent blowing well production test】　有较高的压力，但由于地层渗透率较低或其他原因不能连续自喷的井的求产。对间喷井求产必须确定合适的工作制度，定时开井或定压开井求取连续 3d 的间喷产量，波动范围不超过 20%。定时开井就是按一定的时间周期开井计量油、气、水量，并取样分析，到停喷时再关井。定压开井即为当油压和套压升到油井能自喷的压力值时，开井生产，计量油、气、水量，并取样分析，到停喷时再关井。

（蒲春生　于乐香　吴飞鹏）

【低产井常规求产 conventional production test for stripper well】　低于工业油流的井的求产。低产井地层供液能力较差，要求在不出砂的情况下，经混合排液、气举、抽汲等方法将液面降至套管允许掏空深度范围内，采用测液面配合井底取样的方法确定产能。

（1）根据液面上升情况计算产液量。采用混合排液、气举等方法降低液面后，下压力计间隔 24h 左右分别测取液面深度，根据压力上升值计算对应时间的液面深度，再折算成日产液量。

$$日产液量（m³）= \frac{两个液面深度差（m）}{恢复时间（min）} \times 油套流通容积（m³/m）\times 1440（min）$$

（2）井下取样落实水性。测液面同时下入井底取样器进行取样，判断地层是否出水。

（3）反洗井计量产油量。测液面求产后，利用当前管柱反洗井，准确计量油井累计出油量，并折算出口产油量和油水比，同时取样分析。

（蒲春生　于乐香　吴飞鹏）

【气井求产 gas well production test】　先用油套管分别控制放喷，将液垫或井内污物积液放喷干净后，选择合适油嘴求对气井进行的求产。一般气井求产应取得一个高回压下（即最大关井压力75%以上）稳定产量数据。若气水、气油同出要先分离后求产，并应下压力计实测井底压力和温度。

气井求产应录取的资料：（1）工作制度，包括时间、油嘴尺寸、针形阀开度、放喷方式；（2）测气参数，包括孔板孔眼直径、孔板上流绝对压力、孔板下流绝对压力、气体温度、天然气密度；（3）产量，包括日产油量、日产气量、日产水量，气油比，累计产油量、累计产气量、累计产水量；（4）压力，包括井口油压、井口套压、井底流压、静压；（5）温度，包括井口油温、井底流温、静温；（6）取样，包括地面油、气、水样品，高压物性样品。

（蒲春生　于乐香　吴飞鹏）

【油气水取样 oil, gas and water sampling】　在试油过程中，按相关的标准要求获取地层油、气、水样品的过程。按取样环境分为井下取样和地面取样。地层流体（油、气、水）样品的物理化学性质是研究油气藏驱动类型、计算油气藏储量、确定油气藏开采方式、选择油气井工作制度的重要资料。要求在产量、压力、水性稳定后取样，所取样品要真实，有代表性；油、气、水各取样两支以上，油样每支1500mL以上，水样、气样每支300mL以上。

（王宏声　张世林）

【井下取样 well sampling】　在试油求产过程中，用专用取样工具在井内某一深度获取流体样品的工作。按取样类型分为高压物性取样和井下取水样。

高压物性取样（PVT样品）　取PVT样品时，先测流压及梯度（确定饱和压力点及油水界面），在试取合格后，方可正式取样。如不能预测饱和压力，则将取样器尽可能下深（但在水面以上），同时换小油嘴，增大井底流压进行取样。

高压物性取样要求：流压、产量、气油比稳定，原油含水<5%，同时井底压力大于饱和压力；每次取样不少于4支，要有2支以上样品结果相符（饱和压力值相差不大于1.5%）。

取水样　采用钢丝、电缆或管柱等，输送取样器至试油层顶部取样，用以确定地层水的性质。

（工宏声　张世林）

【**地面取样 surface sampling**】　在地面管线出口或在采油树的取样口获取流体样品的工作。按取样类型分为取油水样、取气样、高压物性配样。

　　*取油水样*　在取样口用专用油样桶和水样瓶直接取得标准量的油样和水样。

　　*取气样*　常用的取样方法有排水取样法和气样袋取样，取样时要严格防止空气混入。当采用排水取样法时，将装满水的细口玻璃瓶倒置于盛有水的容器内，使顶部无气泡，在出气口用胶皮管导出天然气，并将胶皮管内空气排净后通入瓶内取样。要求瓶内留1/4的水作密封液，塞紧瓶口并保持倒置。当用气样袋取样时，把胶皮管内空气排净后，插入取样袋插头充满后关闭阀门。

　　*高压物性配样*　对于不易取得井下高压样品的油气层，其储层流体的高压流体样品可在油气产量、压力、温度、气油比稳定后，在分离器取样口分别取得油、气样品，模拟地层环境配制而成。用于高压物性配样的气样需用专用钢瓶取得。

（王宏声　张世林）

【**油气水分析 oil, gas and water analysis**】　*原油性质分析、天然气组分分析、油田水常规分析*的简称，是油田各类化验分析最基础的项目。通过对油气水样品的分析，可为研究生油环境、油气运移及储藏条件等提供资料，为油气井生产及流程设计提供依据。

　　原油性质分析内容包括：相对密度、黏度、凝固点、馏程、含水、含砂量、含盐量、含硫量、含蜡量、含胶质和沥青质等。天然气组分分析内容包括：氧气、氮气、二氧化碳、硫化氢、甲烷、乙烷、丙烷、正丁烷、异丁烷、正戊烷、异戊烷以及 $C_{12}$ 以下微量气体含量分析。油田水性质分析内容包括：常规离子分析内容包括 $K^+$、$Na^+$、$Ca^{2+}$、$Mg^{2+}$、$Cl^-$、$SO_4^{2-}$、$HCO_3^-$、$CO_3^{2-}$、$OH^-$；微量元素分析内容包括有机酸、铵、碘、溴、硼、铁等。这些元素的分析是根据油田水性质特征而选定的。

　　采用的主要分析仪器有原油馏程测定仪、原油凝点测定仪、原油脱水仪、气相色谱仪、低压离子色谱仪和原子吸收分光光度仪等。

（王宏声　张世林）

【**原油含水分析 analysis for water content of crude oil**】　通过物理或机械的方法，对含水原油中的乳化水进行的定量分析。常用的方法有蒸馏法和离心法。

　　**蒸馏法**　用原油含水测定仪测定原油乳化水含量。根据原油含水量适量称取油样，用无水汽油稀释，将仪器按要求垂直安装好后进行加热回流，同时开启冷却水防止水分散失，加热一定时间后，确定原油中无水后，降至室温记录量液管读数，计算出原油含水量。用质量分数表示。大小为量液管中水的质量与油样的质量的比值。

　　**离心法**　用离心机高速旋转产生的离心力将相对密度有差异的油水进行分离。根据原油含水量适量称取油样，用无水汽油稀释，加入数滴破乳剂，混合均匀后将刻度管对称放入离心机，将离心机调至3000r/min左右，旋转5min后，停止转动，取出刻度管，读取水的刻度，计算出原油含水量。计算公式同蒸馏法，用质量分数表示。

（王宏声　张世林）

**【原油含砂分析 analysis for sand content of crude oil】**　通过机械的方法，将原油中的砂进行分离，并将分离出的砂进行定量的分析。常用方法有洗砂法和离心法。

　　**洗砂法**　用原油含砂测定管定量量取一定量的含砂原油（视含砂而定），用一倍量无杂质汽油进行稀释，然后用过滤网漏斗过滤，将滤网上的砂洗净，倒置漏斗，再用汽油将砂冲入定量管中定量，计算出原油的含砂量。用体积分比表示。大小为砂的体积与原油体积的比值。

　　**离心法**　用离心机高速旋转产生的离心力将相对密度有差异的油、砂进行分离。根据原油含砂量适量量取油样，用无杂质汽油稀释，混合均匀后将刻度管对称放入离心机，将离心机调至3000r/min左右，旋转5min，停止转动，砂沉淀至离心管底部，将上面的汽油倒掉，重新加入汽油，如此反复多次，直至汽油无色为止，读取砂的刻度，计算出原油含砂量。计算公式同洗砂法，用体积分数表示。

（王宏声　张世林）

**【原油性质分析 analysis for property of crude oil】**　对原油的密度、凝固点、黏度、馏程、含蜡量和胶质、沥青质、含硫量等物理化学性质进行定量分析的过程。主要包括物理性质分析和化学成分分析。

　　**密度（密度计法）**　将油样处理至合适的温度并转移至和油样温度大致一样的密度计量筒中，再把合适的密度计放入油样中让其平衡，待其温度达到平衡后读取密度计的读数，并记录油样的温度。通常换算到20℃的密度。

　　**黏度**　在某一恒定的温度下，测定一定体积的油样在重力作用下流过一个经校验的玻璃毛细管黏度计（逆流黏度计）的时间，来确定原油的运动黏度。

运动黏度与其同温度下密度的乘积则为动力黏度。

凝固点 将油样装在规定的试管中，冷却到预期的温度时，将试管倾斜45°，经过 1 min 观察液面是否流动，开始不流动的这一温度即为凝固点。

馏程 量取定量油样，在规定的仪器和方法下，测定初馏点至300℃以下，每 10℃一点的油样温度和馏出体积的对应值。

蜡、胶质和沥青质含量 称取一定量的油样，利用硅胶对蜡、胶质和沥青质的吸附能力的不同，选择不同的溶剂分别把它们解析出来，用重力法求其各自的百分含量。还可以使用气相色谱法测定原油中含蜡量和胶质、沥青质含量。

含硫量 称取一定量的油样，在空气流中燃烧，用过氧化氢和硫酸溶液将生成的亚硫酸酐吸收，生成的硫酸用氢氧化钠标准溶液滴定，计算出硫的百分含量。其公式为：

$$含硫量（\%）=0.016C（V_1-V_0）\times 100/m$$

式中：$C$ 为氢氧化钠标准溶液的浓度，mol/L；$V_1$ 为滴定油样燃烧生成物时，消耗氢氧化钠标准溶液的体积，mL；$V_0$ 为滴定空白试验时，消耗氢氧化钠标准溶液的体积，mL；0.016 为与 1.00mL 氢氧化钠标准溶液（$C_{NaOH}=1.000$mol/L）相当的以克表示的硫的质量；$m$ 为油样的质量，g。

原油性质分析所使用的仪器主要有馏程测定仪、石油密度计、凝固点测定仪、黏度测定仪和含硫测定仪等。

（王宏声 张世林）

【天然气组分分析 analysis for natural gas composition】 用规定的仪器对天然气进行分离，然后对天然气中化学组分进行定量分析的过程。分为永久性气体及 $C_1—C_5$ 分析和 $C_6—C_{12}$ 分析两个部分。

气相色谱法天然气组分分析原理为：载气（流动相）携带着气样通过色谱柱中的填充物（固定相）时，天然气组分分子与固定相之间相互作用吸附和脱附。由于天然气中各组分的物理性质不同，使得各自在固定相中的分配比不同，当经过一定长度的色谱柱对天然气各组分不断吸附和脱附作用后，使那些分配比差距小的组分在离开色谱柱时彼此之间拉开一定距离，使组分彼此分离（见图 1 和图 2），然后依次通过检测器进行检测。用两通道化学工作站分别计算出两部分修正面积百分比含量。

使用的主要仪器有气相色谱仪、检测器。气相检测器有热导检测器和氢火焰离子检测器。

（王宏声 张世林）

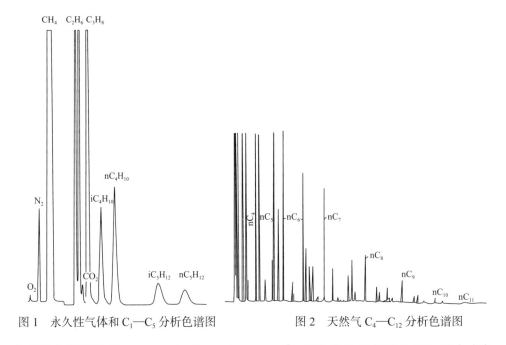

图1　永久性气体和$C_1—C_5$分析色谱图　　　图2　天然气$C_4—C_{12}$分析色谱图

【**地层水性质分析** analysis for formation water】　用化学法及仪器法对地层水中各项离子含量进行测定，并按照标准规定的分类法对地层水进行分类，确定地层水的水型。通常包括常规六项离子分析和微量元素分析。

常规六项离子分析　$Cl^-$分析采用莫尔法，其反应式为：

$$Ag^+ + Cl^- \longrightarrow AgCl\downarrow（白色）$$

$$2Ag^+ + CrO_4^{2-} \longrightarrow Ag_2CrO_4\downarrow（砖红色）$$

最后终点由黄色变为砖红色。

$Ca^{2+}$、$Mg^{2+}$、$SO_4^{2-}$分析采用络合滴定法。以$Ca^{2+}$为例，在pH值为12的介质中，以钙试剂为指示剂，用乙二胺四乙酸二钠（EDTA）标准溶液滴定，溶液由玫瑰红色变成纯蓝色，即为终点，来测定$Ca^{2+}$的含量。反应式为：

$$Ca^{2+} + R^- \longrightarrow CaR^+（玫瑰红色）$$

$$CaR^+ + Na_2T \longrightarrow CaT + 2Na^+ + R^-（纯蓝色）$$

$HCO_3^-$、$CO_3^{2-}$、$OH^-$的测定采用的是中和滴定法，反应式为：

$$CO_3^{2-} + H^+ \longrightarrow HCO_3^-$$

$$HCO_3^- + H^+ \longrightarrow CO_2\uparrow + H_2O$$

$$OH^- + H^+ \longrightarrow H_2O$$

以酚酞、甲基橙作指示剂，用盐酸标准溶液滴定，颜色由红色变成无色和由黄色变成橙红色为终点。

水型（苏林分类）主要有：氯化钙型、氯化镁型、硫酸钠型和碳酸氢钠型。

*微量元素分析*　包括有机酸、铵、碘、溴、硼、铁等。主要应用离子色谱仪、原子吸收分光光度仪对微量元素进行分析。

（王宏声　张世林）

【**高压物性分析** analysis for pressure volume and temperature 】　在地层条件下，对流体性质进行逐项测定和研究，从而获得地层条件下流体物理性质所进行的分析。分为地层原油高压物性分析和凝析气高压物性分析。

*地层原油高压物性分析*　（1）热膨胀实验。等压条件下，原油体积随温度的变化率。（2）单次脱气实验。地层原油一次突放至大气压力条件下，测定其体积变化及气、液量等。其原理是保持油气分离过程中体系的总组成恒定不变，测定油气组分组成、单次脱气气油比、气体平均溶解系数、收缩率、地层原油密度。（3）恒质膨胀实验，又简称 $p$—$V$ 关系测试。在地层温度下测定恒定质量的地层原油的体积与压力的关系，从而得到地层流体的饱和压力、压缩系数、相对体积和 Y 函数等参数。（4）多次脱气实验。在地层温度下，将地层原油分级降压脱气、排气，测量油、气性质和组成随压力的变化关系。目的是测定各级压力下的溶解气油比、饱和油的体积系数和密度、脱出气的偏差系数、相对密度和体积系数，以及油气双相体积系数。（5）黏度测定。可获得地层条件及各级饱和压力下的原油黏度数据。

*凝析气高压物性分析*　（1）闪蒸实验。处于某条件下的单相流体瞬间释放到大气和室温的实验。目的是测定分离器油密度、压缩系数、体积系数、气油比。（2）恒质膨胀实验，又简称 $p$—$V$ 关系测试。在地层温度下测定恒定质量的凝析气藏流体样品的体积和压力的关系，从而得到凝析气藏流体的露点压力、气体偏差系数和不同压力下流体的相体积等参数。（3）定容衰竭实验。为模拟凝析气藏衰竭式开采过程，了解开采动态，研究凝析气藏在衰竭式开采过程中气藏流体体积和井流物组成变化，以及不同衰竭压力时的偏差系数、反凝析液量和采收率。

（王宏声　张世林）

【**封层作业** confining bed operation 】　油井已射开的层位开采完毕，改采上部油层或报废油层时为了避免各层之间的流体干扰，需要把它封死而进行的作业。

属常规井封层。方法有：（1）当油井上返新层、找漏堵漏或找窜封窜等作业时，可采用注悬空水泥塞的方法。水泥浆的密度远远大于压井液密度，为了防止水泥浆下沉，一般可采用三种方法：填砂至被封层顶部，然后打水泥塞；下一个提前用水浸泡过的木塞到被封层顶部，然后打水泥塞；在注水泥前将密度比水泥浆高的液体填到被封层顶部，然后打水泥塞，使油井上、下层中间位置形成水泥塞来实现上、下两层分隔的施工作业。（2）用于分层试油、采油、找水、堵水等，采用电缆输送定位点火引爆的电缆桥塞坐封于两层之间实现封层。（3）采用油管输送并且用专用工具将可回收桥塞坐封于两层之间，达到封堵水层的目的。（4）用膨胀管将欲封井段的射孔孔眼堵死，实现封层。

（蒲春生　于乐香）

【**试油层封隔 separation of oil zone**】 用专用设备、工具和材料将两个试油层封隔开，防止相互间发生地层流体泄漏和压力传递的工艺。其目的是准确获取每一试油层的产量、压力、温度以及流体性质等资料。常用工艺有注水泥塞封隔、丢手封隔器封隔、电缆桥塞封隔、机械桥塞封隔以及跨隔测试封隔等。可以根据已试层的产量、压力、温度、流体性质以及井况的不同来选择相应的封隔工艺和措施。

试油（气）层封隔是分层试油工作的重要标志。在确定试油层及射孔井段时要充分考虑封隔工艺的可行性。套管内的封隔工艺不能解决管外固井质量存在的管外窜漏问题，管外窜漏应采取二固或封窜等措施。

试油（气）层封隔按工程需要分为暂时封隔和永久封隔。暂时封隔是对两个试油层之间的短时间封隔，在达到封隔试油层的目的后即可解除封隔。永久封隔是在一口井试油过程中，已试层未获得工业油气流或不具备开采价值时进行的永久性封隔。

对含硫油气层、敏感地区（城市、河道、泄洪区、海域等）油气井须采用永久封隔。

（王宏声　刘振庆）

【**注水泥塞封隔 separation with cement**】 用地面专用的设备和工具将配制好的水泥浆通过油管顶替到井筒中设计位置，待凝固后达到封隔两个试油层的目的。是油田使用最多的一种传统封隔工艺。通常在已试油层以上50m左右打一段水泥塞，厚度一般在20～40m之间，适用于层间距离较大的试油层之间的封隔。常用的油井水泥有G、D、J三个级别，可以根据井筒温度的不同来选择，水泥浆的密度一般在1.75～1.85g/cm³之间。

主要施工过程如图所示。

注水泥塞封隔质量的检验有加压和负压两种方法，根据被封隔层物性情况选用其中一种或两种方法进行验证。

（王宏声　刘振庆）

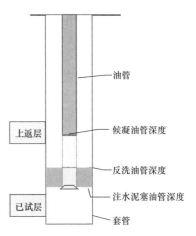

注水泥塞施工过程示意图

【电缆桥塞封隔 separation with wireline setting bridge plug】 用地面专用设备、电缆和坐封工具将桥塞（油井层间分隔装置）下到井筒中设计位置，测井定位确定桥塞的准确深度，点火引爆使桥塞坐封后达到封隔两个试油层的目的。适用于夹层距离较短的试油层之间的封隔，具有施工工序少，周期短、卡封位置准确的特点，可以实现双向锁定。一套坐封工具可以下不同尺寸的电缆桥塞，坐封工具有通用性。

电缆桥塞封隔效果的检验与注水泥塞封隔效果检验相同。

（王宏声　刘振庆）

【机械桥塞封隔 separation with mechanical setting bridge plug】 用油管或钻杆输送方式将桥塞下到井筒中设计位置，利用地面泵加压桥塞坐封后，达到封隔两个试油层的目的。适用于大斜度井、定向井或稠油井的试油层之间的封隔。

机械桥塞有可捞式和永久式桥塞，一般为双向卡瓦锚定，能够承受正反两个方向的压差。有三节不同硬度的胶筒和可浮动金属支承环组成密封系统，整体式卡瓦可以避免中途坐封，可在地面设计不同等级的剪切销钉，坐封压力可调。

机械桥塞封隔效果的检验与注水泥塞封隔效果的检验相同。

（王宏声　刘振庆）

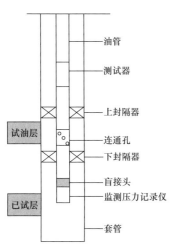

跨隔测试封隔管柱结构示意图

【跨隔测试封隔 separation with straddle packer testing】 采用上、下两个封隔器对已试油层进行封隔，下封隔器为机械坐封式卡瓦封隔器，封隔下面已试油层，上封隔器为支撑式剪销封隔器，封隔油套管环空。其常用的跨隔测试封隔管柱结构见图。

跨隔测试封隔还可以用于对上面已试层进行封隔，达到下返试油的目的，具有保护油气层、施工周期短的特点。

（王宏声　刘振庆）

【试油封井 plugging well】　全井试油结束后，对未获得工业油气流或已获得工业油气流但暂时不具备开采条件的井进行封闭的施工过程。分为暂闭封井和永久封井。

暂闭封井　试油工作结束后，对近期暂不具备生产条件井的封闭。可采取注水泥塞、下桥塞、填砂等方式完成。在油层套管水泥返深以下、射孔井段顶部以上 50～100m 注水泥塞，厚度不小于 50m，并在距井口 50～100m 之间，再注一个水泥塞。起出井内全部管柱，卸掉采油树，装简易井口，井口砌一个梯形水泥台并标明井号、封井日期以及施工单位（见图）。

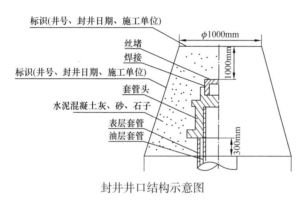

封井井口结构示意图

永久封井　试油工作结束后，对无利用价值或特殊需要井作报废处理的封闭。在油层套管的水泥返深以下、射孔井段顶部以上 50～100m 间注水泥塞，厚度不小于 50m，并在距井口 50～100m 之间，再注一个水泥塞。对有套管回接、悬挂或套管破损的井，应在套管回接、悬挂或套管破损处以上 50～100m 增加一个水泥塞并验证合格。最上部已试层顶部的水泥塞必须通过加压和负压两种方法验证合格。

对无利用价值或特殊需要的废弃井，需采取管外防窜处理、取套管、割井口，在地面彻底清除并恢复地貌。

（王宏声　刘振庆）

# 特殊井试油作业

‥‥

【水平井试油 horizontal well oil production test】 对水平井的试油作业。水平井试油测试主要是通过水平井试油测试管柱力学分析找出管柱中的薄弱环节，选择合适的井下工具，配套相应的试油测试管柱，解决水平井试油测试工艺中存在的分层测试、排液量、油气层保护等方面的问题。

水平井射孔 水平井射孔主要的技术关键为：（1）射孔枪如何下入和起出几百米长的水平井段并能正常起爆；（2）射孔相位的选择；（3）射孔弹的定向；（4）保护油气层技术。

水平井射孔相位一般都采用水平两侧定向射孔，目的是使射孔后沿孔眼展开的裂缝始终在储层内延伸，防止顶部落砂造成枪身被卡和底水突进。在水平井射孔弹定向方式上，采用弹架偏向设置配合偏心支撑体，在偏心重力的作用下，弹架旋转实现射孔弹定向。压力延时一次性分段起爆的目的是在井口卸压后起爆，避免压井液压入地层，达到负压射孔的目的。为提高起爆的可靠性和降低射孔弹爆轰波对套管和水泥环的损害，一般采用分段起爆方式。

水平井射孔一般采用油管输送射孔工艺，井下总成包括引爆装置、负压附件、封隔器和定向射孔枪，采用压力引爆等。

水平井射孔方位有3种：360°、180°和120°。其方位的选择主要取决于地层坚硬程度，一般情况，特别是稠油疏松地层，射孔方位大都采用180°～120°，以免水平井段上部因射孔后岩屑下落堵塞井筒。

水平井洗井 水平井洗井、冲砂要求采用反洗井，保证入井液质量，特别是固体颗粒的含量，需要过滤后入井，防止固体颗粒进入井筒，在井内沉淀，卡管柱。由于水平井在洗井或冲砂过程中容易受重力作用影响，固体颗粒不容易带出来，通过大排量可以增加携带能力，必要时可以使用一定黏度的液体进行冲砂。

冲砂作业时要缓慢冲下，循环干净后再换单根。如果出砂严重，要采取必要的抑砂手段或压井液防止出砂，以满足下一步施工要求。一般情况下，对于易出砂的水平井采取先期防砂工艺，可以简化试油工序。

**水平井排液**　水平井举升技术有气举、电潜泵、有杆泵等技术，其中有杆泵井比例最大。而水平井的排液主要在直井段中进行。同时随着新技术的研制，在大井斜中一些斜井泵、防磨扶正器也得到很好的运用，取得良好的生产效果，但是在大井斜中下泵，必须要考虑管材的磨损，泵是否防斜，对材质的要求和管柱结构要求较高，要有明确技术指标，同时必须与井身结构相结合。

**水平井防砂**　水平井的防砂一般采取先期防砂技术，可以简化施工工序，所以许多防砂参数的确定都要根据钻井或邻井资料确定。

由于水平井油层井段长，生产压差小，一般采取下相位射孔，其出砂能力较弱，生产中主要采取防砂工具连接液压丢手装置、密封环空用的液压封隔器下部下入井内。采用的防砂筛管类型很多，主要有以下几种：

（1）带孔预充填筛管：由一个内部滤管和一个外部有孔套管组成，二者之间充填有树脂包裹的砾石。此种筛管主要用于未胶结的地层中，确保无砂进入地层。

（2）双滤管预制滤砂管：包括一个类似带孔滤管的内滤管，但用树脂包裹或不包裹的砾石是安置在外部的一个过滤衬套内。当砾石填料不可行时，双滤管可以提供已有的防砂功能。

（3）特殊间隙预充填滤管：与双滤管相似，但由一个内微细滤管和常规的外筛管组成。两个滤管间的砾石可以用树脂包裹，也可以不包，砾石的横截面要比普通的滤管薄得多。这样设计的滤管与标准的非预制的全焊接绕丝筛管具有相同的内外直径。这种特殊间隙滤管也可以用在水平井和大斜度以外的井。介于筛管与外套管间的薄砾石层用以保障在砾石充填中不形成空洞。

（4）金属烧结滤管：由一个烧结金属套管内紧套一个带孔的内管组成烧结的不锈钢（或其他可用的高含镍合金）在很高的温度和压力下熔结在一起并定型成圆筒状，从而制成多孔的金属过滤介质，其使用效果比预制滤砂管要好。

（5）绕丝金属烧结滤管：与金属烧结滤管类似，但外部多加了一个全焊接绕丝筛管套，这样，金属烧结筛管就位于带孔的中心管与外套管之间了，较小的滤管可省掉中心管。

**水平井酸化**　水平井在钻井过程中，油层暴露的井段长，受到钻井液浸泡时间长，特别是低渗透油气藏以及裂缝性油气藏，一些套管完成井也容易受到固井水泥浆和钻井液伤害。酸化解堵是这类油层常用的增产手段。

（于乐香　吴飞鹏）

【水平井分层试油 stratified testing of horizontal well 】 水平井的分层试油工艺。水平井由于其井身结构的特殊性，分层试油时使用常规技术不易安全准确地分层分段，难以进行有针对性的试油排液作业。

试油排液工艺管柱 为达到水平井分层试油的目的，试油测试管柱必须将水平段有选择性地隔离，并能安全起出，且隔离后的地层必须与管柱连通。因此选择 ISP 封隔器、环空单流阀、安全接头以及根据分层长度要求配置的相应油管柱等工具，组配成水平井试油排液工艺管柱，依靠 ISP 封隔器实现层（段）的分隔，用环空单流阀沟通管柱与地层，达到分层段目的。管柱结构自下而上依次为丝堵 + 底部 ISP 封隔器 +B 型循环阀 + 环空单流阀 + 上部 ISP 封隔器 +B 型循环阀 + 安全接头。考虑到在水平段封隔器管柱置于底边，由于受重力作用会对封隔器胶管磨损及坐封带来一定影响，设计管柱时，可选在封隔器两端加刚性疏片式扶正器，以保证封隔器居中。

管柱结构特点 （1）用于分层隔离的工具为两个液压式封隔器，打压坐封，上提解封。这两个液压式封隔器具有直径小、耐高压、防砂卡等特性，其坐封压力一致，施工工艺较易实现。（2）ISP 封隔器无卡瓦锚定，采用金属片变形后接触到套管，形成较大摩擦力，承压能力强，克服了常规高压封隔器依赖卡瓦锚定而出现的卡阻问题。（3）管柱上配备有 B 型循环阀，紧接在封隔器上方，一旦出现砂卡，可打压将它打开，进行反循环，解除砂卡。（4）环空单流阀使油套单向连通，在封闭管柱内液体流入油套管环空的同时，连通传压于其下部的管柱，坐封其下的封隔器，还可以使地层中的流体进入管柱内。（5）管柱可重复使用。工作施工完一层后上提管柱，重新坐封，即可进行另外一层的试油排液。

水平井选择性分层试油排液工艺原理 利用 ISP 封隔器 + 环空单流阀 +ISP 封隔器 + 安全接头等井下工具的优化组配，组合成分层试油工艺管柱。打压坐封后，在两封隔器之间形成层段隔离，通过两封隔器之间的环空单流阀沟通管柱与地层，达到分层（段）目的。这两种工具的选配组合，可将地层分隔并连通管柱，进而再配合抽汲等排液工艺，实现水平井精细分层试油排液。施工完一层后上提管柱，重新坐封，即可对另外一层试油排液，实现选择性分层试油排液措施。

（于乐香　吴飞鹏）

【高温高压井试油 high temperature high pressure oil production test 】 对地层压力大于 70MPa、地层温度大于 150℃的高温高压井进行的特殊试油作业。高温高压井不论是施工过程中还是试油结束后封堵都存在很大难度，为此要把安全摆在首位，对试油工艺应进行全面考虑。

**高温高压井试油工具要求** 包括：（1）井口装置的额定压力需大于最高井口关井压力；测试管柱上应尽量配置与井口装置配套的井下安全阀；配备手动、液动安全阀。（2）不论是中途测试还是完井，都要求采用封隔器，管柱内外压差很高，一般都在 70MPa 以上，甚至 100MPa 以上，要求螺纹具有良好的密封性。高温高压井试油需选用 3SB 螺纹、VAM 螺纹或 SEC 等特殊螺纹油管。（3）中途测试后须起出测试管柱，再下入完井管柱投产，测试须采用可取式封隔器，大多采用 RTTS 型封隔器，这与常规中途测试采用的封隔器是一样的，只是耐压耐温级别不同而已。对于高温高压气井测试宜采用 APR 全通径测试器。（4）高温高压井完井工具要考虑高温高压、可能高产的特点，工具也有特殊要求。如生产封隔器，对于高温高压井测试后直接转采的管柱，推荐采用永久式封隔器完井等。

**高温高压井试油工艺** 对于高温高压探井，宜先采用 APR 测试管柱进行测试，酌情确定是否压井下入永久式封隔器及其配套工具的完井管柱；对于预测产能较好的高温高压井，直接下入带永久式封隔器及其配套工具的完井管柱入井测试后直接转采。（1）井下工艺。对于高压低渗透或产水层，采用电缆射孔，用钻杆下 APR 测试工具，井口用控制头；对于中低渗透的油气层，采用射孔 +APR 测试联作，装采油树或控制头；对于渗透性较好的油气层，采用气密封油管下射孔 +APR 测试联作，井口装采油树，必要时可与酸化同时进行；跨隔测试，在下返测试或不封堵下层时采用钻具 +RD 阀 +E 型循环阀 + 支柱封隔器 + 筛管 +CHANP 封隔器十监测压力计，适用于酸化或高产层。（2）地面工艺。采油树选用 105MPa，两外侧生产阀门及总阀门为液动阀，可实现远程开关井，在高压情况下操作比较方便；地面流体处理系统是试油是否获得成功的关键设备之一，其获得的产能数据最直观，也最有说服力。一般采用 10.34MPa 分离器及加热炉，地面高压管汇选用 105MPa 法兰连接管线，放喷管线分排污和求产两条，所有管线均选用符合标准的水泥基墩固定，储油罐接地。数据采集系统最好接在采油树上，也可以接在油嘴管汇前面的数据头上。

**高温高压井排液** 排液是高压油气井测试过程中非常关键的一个阶段。在这个过程中，如果地层出砂，地面排液流程极易被刺坏，若通过除砂器，除砂器中的滤网也极易被堵塞。同时对于一些气井易形成冰堵，造成井口压力上升。在排液期间要认真分析出现的各种异常情况，及时、准确做出判断，避免出现安全事故。同时排液期间要取全取准各项资料，落实储层产能、液性及井口压力等数据，及时取样化验，保证试油资料准确可靠。

（1）试产期间监测含砂，若发现含砂量上升，则应调整井口压力，控制地层生产压差。生产压差过大，会导致地层出砂，甚至地层垮塌，从而导致堵塞井口或井下测试工具。

（2）测试期间，要保证分离器内的温度在20～30℃。分离器在此温度范围内分离效果较好。

（3）试采期间每半小时测一次油、气、水单项产量，每一个制度取一个油、气、水全分析样品，产量稳定后，取相态样品。

（4）实时监测，记录除砂器前的含砂量及井口、套管、油嘴管汇节流前后、热交换器、分离器等区域的压力、温度。

（5）对于产气的井如没有生产流程，必须点火排放。特别是许多高压气井都含有较高浓度的硫化氢气体，要保证地面流程的密封，防止造成人身伤害。

（6）高压气井测气都采取远程控制，多条流程交替连续放喷。

（7）不论采取何种排液方式，都要作好防喷准备，对于井口密封条件不能满足要求的排液方式要慎重选择。

（蒲春生　于乐香　吴飞鹏　景　成）

【稠油热力试油 thermal test for heavy oil well】 通过加热的方式来降低地下原油黏度，溶解和溶化油层堵塞，改善地层的渗流特性，从而提高原油在地层的渗流能力，达到落实产能、油性试油目的的试油方法。是一种针对重质原油和高凝油为主要对象而发展起来的试油工艺技术，热力试油工艺主要指蒸汽吞吐工艺技术。

蒸汽吞吐试油工艺是指先将一定量的高温高压湿饱和蒸汽注入油层，将油井周围有限区域加热，以降低原油黏度并通过高温清除黏土及沥青质沉淀物来提高近井地带油层渗透率，焖井后开井试油这一工艺过程。蒸汽吞吐工艺又叫周期性注汽或循环注蒸汽工艺方法，就是对稠油油井注进高温高压湿饱和蒸汽，将油层中一定范围内的原油加热降黏后，回采出来，即"吞"进蒸汽，"吐"出原油。通常，注入蒸汽的数量按水当量计算，每米油层注入70～200t蒸汽，注汽速度6～10t/h，井底蒸汽干度要求达到50%以上；注入压力（温度）及速度以不超过油层破裂压力为上限。关井焖井时间2～5d后开井试采。对于中国多数新的稠油油藏，不论浅层（200～300m）或深层（1000～1600m），探井试油进行蒸汽吞吐后，由于油层压力保持在原始压力水平，开井回采时都能够自喷生产一段时间，当不能自喷时，立即下泵转抽，便可以取得合格的试油资料。

（1）普通稠油油藏试油。油层物性较好、原油黏度大于4000mPa·s的普通稠油油藏，早期试油时，可不进行蒸汽吞吐试油以降低勘探试油成本。油层物性较差的油藏，由于油层压力低，稠油在油层中的流动性变差，流向井筒的流压较低，这类油藏就需要进行蒸汽吞吐试油和试采，以提高油井产量和采收率。

（2）特稠油油藏试油。原油黏度为 10000～50000mPa·s 的特稠油油藏，胶质、沥青质含量较高，原油的流动性很差。对这类油藏，大部分采用蒸汽吞吐试油，后期转蒸汽驱开发。对极少数油层物性好、油层压力高、含气量大的油井，试油时可不进行蒸汽吞吐采油，可用电热杆泵抽，环空伴注降黏剂水溶液的采油方式，以降低成本。

（3）超稠油油藏试油。原油黏度为 50000～100000mPa·s 的超稠油油藏，原油成分 60％ 以上为胶质、沥青质，即使掏空深度至油层底界，原油也很难流入井筒。对这类油藏，必须采用蒸汽吞吐或蒸汽驱采油方式，再加上井筒的高温电热杆伴热工艺；对近井地带的油层还需采用解堵降黏技术处理，如采用RSP 降黏固砂防膨剂处理油层，以降低注蒸汽压力，防止因注蒸汽压力过高而注不进去的无功作业，达到提高油井产量的目的。

原油黏度大于 100000mPa·s 的超稠油油藏，原油在最大生产压差下也是不流动的，这类油藏开采的井很少，对这类油藏试油，首先必须用解堵降黏油层处理技术处理近井地带，如采用 RSP 降黏固砂防膨剂处理油层，同时提高解堵降黏剂的使用浓度，然后注入蒸汽，把处理液进一步推向油层深处，扩大处理半径，在近井地带建立一个较大范围的高渗透、无堵塞的泄油区域，降低流动阻力；此外再配以井筒伴热降黏工艺，从而达到采出超稠油的目的。

（4）砂岩稠油油藏试油。砂岩稠油油藏的大多数井存在胶质、沥青质或乳化液伤害堵塞，一般采用 102 型枪弹、16 孔/m 以上的大孔大弹、高孔密射孔，以提高泄油能力，减少稠油流入井筒的阻力。① 大部分砂岩稠油油藏泥质胶结，胶结疏松，油井生产时出砂，大多数井存在污染堵塞，试油难度很大，这类油层需采用油层化学处理技术处理，如采用 RSP 降黏固砂防膨剂处理油层。对于油层存在堵塞或原油黏度大于 3000mPa·s 的井，采用 PS 防砂技术效果较佳，若需要蒸汽吞吐，还必须下绕丝管砾石充填防砂来进一步挡砂（因为覆膜砂在注蒸汽中其胶结状态就破坏了），保证防砂屏障的牢固。② 致密砂岩油藏原油黏度大于 4000mPa·s 或油层存在堵塞的油井，需用油层化学处理技术降黏解堵。

（5）裂缝性稠油油藏试油。由生物灰岩、石灰岩等组成的储集层，发育良好的裂缝、次生裂缝稠油油藏。一般采用裸眼完井以增加泄油能力，注蒸汽压力较低，只对油层存在伤害的特稠油油井或超稠油油井，采用油层化学处理技术降黏解堵。

（6）中深特稠油井试油。油层深度大于1600m的井由于地层压力高，蒸汽无法注入油层，只能对油层采取冷采工艺采出稠油，这就要求井筒采油工艺必须具备较强的井筒举升能力，并且技术性能可靠；可配套进行RSP技术处理，井筒电加热伴热工艺，以及抽稠泵、螺杆泵采油工艺等技术，使中深特稠油井采油获得成功。

（7）深层稠油化学试油。深层稠油是指井深大于2000m的特稠油，这类井热力采油方法无能为力。发展了一系列井筒降黏试油试采技术，如掺稀油降黏、掺活性水降黏、加热降黏、碱水降黏、乳化剂降黏、热化学工艺等，可以起到不同程度的效果。

（于乐香　吴飞鹏　景　成）

【浅海井试油 shallow water well oil production test】 用非通径（MFE）工具和全通径（APR）工具进行各种形式的浅海井试油作业。包括测试作业、各种泵排诱喷作业、桥塞封层作业等；利用橇装电缆绞车及高精度电子压力计进行地面直读作业、钢丝井下取样、清蜡、打捞等作业；使用三相分离器、地面数据自动采集系统在油气水井求产、测试过程中进行数据实时采集、监测、获得准确的地质资料等。

浅海井试油主要特点包括：（1）受气候、海况影响大。浅海客观情况是气候变化频繁，海况变化较大，影响试油作业施工；浅海大气湿度大，且有大量的NaCl，在金属表面形成含盐的水膜，形成很强的电解液，使金属的腐蚀比陆地上要严重得多；海况复杂，水浅、淤泥厚；水深受潮汐影响变化大，影响平台上料或卸载等。（2）受平台限制，作业空间小，施工设备不易就位，储层改造措施和施工规模受到限制。（3）在同等条件下，与陆地试油比较，浅海勘探试油投资大，成本高，且在安全、环保、快速录取资料等方面要求更高。

浅海井试油既要针对不同的地质特征，保证录取资料的可靠性，还要考虑成本和安全环保要求，以及受气象、海况影响大等特点。浅海井试油工艺具备快速、优质、高效、安全等海上特色（见表）。

浅海井试油工艺

| 序号 | 工序 | 试油工艺 |
| --- | --- | --- |
| 1 | 压井 | （1）钻井液压井（原钻井液压井、无固相钻井液压井）；<br>（2）防膨液压井（海水、卤水、清水等液体加防膨剂配制）；<br>（3）柴油、原油压井 |

续表

| 序号 | 工序 | 试油工艺 |
|---|---|---|
| 2 | 射孔 | （1）电缆、油管或钻杆输送射孔；<br>（2）射孔＋测试联作；<br>（3）复合射孔技术；<br>（4）射孔防砂技术 |
| 3 | 地层测试 | （1）常规测试工艺（悬挂、支撑或跨隔测试工艺）；<br>（2）射孔—测试联作；<br>（3）测试—排液联作；<br>（4）射孔—测试—排液三联作 |
| 4 | 排液求产 | （1）自喷排液求产；<br>（2）泵排工艺（长筒泵、螺杆泵、纳维泵等）；<br>（3）射孔—测试—排液三联作 |
| 5 | 计量 | 三相分离器量油测气（船载或钻井平台固定试油流程） |
| 6 | 试井 | （1）地面直读电子压力计试井；<br>（2）测试仪与储存或直读式电子压力计配合试井 |
| 7 | 措施 | （1）防砂：金属棉或绕丝筛管防砂、压裂防砂、复合防砂等；<br>（2）增产措施：常规酸化、大型压裂、水力压裂等 |
| 8 | 封层 | （1）注灰或桥塞（电缆、管柱、插管式、永久式等桥塞）封层；<br>（2）跨隔封闭上返 |

浅海试油工艺已发展得相当完善，尤其是中途裸眼测试、完井测试（悬挂或跨隔）都得到了广泛的应用。在许多情况下已经不再是单一测试工艺的施工，而是两种或两种以上工艺的联合作业，对海上试油不断缩短施工周期，提高勘探效益发挥着越来越大的作用。

（1）测试和排液联作技术。对于储层物性差、不能自喷的井，采用纳维泵排液技术或长筒泵（螺杆泵）与测试工具联作技术。当测试开关井结束后，可泵抽排液求产，落实目的层产能、液性。① 长筒泵与测试管柱相结合。管柱结构自下而上为：压力计＋筛管＋封隔器＋安全接头＋压力计＋测试阀＋压力计＋钻铤＋A 阀＋钻杆＋断销反循环＋钻杆＋长筒泵＋钻杆。该技术适应于普通稠油井和地层漏失钻井液滤液严重的井。其缺点是由于泵抽需要钻机游动系统作动力，成本较高，泵抽时起下频率高，冲程小。② 螺杆泵与测试工具相结合的测试管柱。管柱结构自下而上为：压力计＋筛管＋压力计＋封隔器＋伸缩接头＋锁紧接头＋多流测试器＋油管＋压井阀＋油管＋防旋油管锚＋螺杆泵＋油管。

该管柱能够与电加热系统配套使用，很好地解决普通稠油藏的试油测试排液问题；也可进行探边测试，实现热试油＋地层测试（探边测试）一体化。由于螺杆泵带有动力系统，占用面积小，泵效高，特别适用于浅海非自喷较高含砂井和稠油井。

（2）多功能联作技术。以一趟管柱完成射孔、地层测试、酸化、排液等多个工序的多功能联作试油测试技术。射孔与排液联作工艺技术可以实现"射孔、酸压、排液、测压"等作业。浅海联作工艺主要有 TCP-MFE，TCP-HST，TCP-APR 联作工艺等，以及在此基础上发展起来的"TCP＋MFE＋水力射流泵（或螺杆泵）"三联作技术，"跨隔＋射孔＋测试＋水力射流泵"四联作技术等。

① 射孔＋测试＋水力射流泵三联作工艺。针对中、低渗油层存在流体流动性较差，测试阶段井筒内流体含油、钻井液、杂质，流体性质和产能不易落实等问题，研究开发出的一种新的测试工艺技术。管串结构如图1所示。技术集射孔、测试和水力泵排液技术为一体，解决了非自喷井录取资料、连续排液求产的难题。从射孔至测试结束，不需压井换管柱作业，施工时下一趟管柱完成多项工序。减少了洗压井次数，既有利于保护油气层，又可减少施工污水的产生量，有利于环境保护。同时减少起下作业次数（每层减少1～3趟），可降低劳动强度、缩短施工周期（单层试油平均可缩短周期3～6天）。

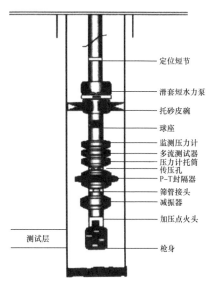

定位短节
滑套短水力泵
托砂皮碗
球座
监测压力计
多流测试器
压力计托筒
压力传压孔
P-T封隔器
筛管接头
减振器
加压点火头
枪身
测试层

图1　三联作示意图

② 射孔＋测试＋螺杆泵三联作工艺。该联作工艺施工管柱结构（自上而下）：油管＋校深短节＋油管＋螺杆泵＋油管＋A阀＋测试仪＋压力计托筒＋安全接头＋油管＋旁通＋P-T封隔器＋筛管＋滑套＋油管＋缓冲器＋激发器＋炮头＋炮身。由于其施工简单、可操作性强等特点，已逐渐成为一套成熟的工艺技术在浅海试油中得到广泛应用。

工艺基本原理：将射孔枪及其引爆系统、减振系统与测试工具、封隔器、A阀、螺杆泵等一起下入井下预定位置，通过校深使射孔枪对准目的层，坐封封隔器，使目的层与环空压井液隔离，打开井下测试阀，用特定方式（如环空憋压方式）引爆射孔枪，地层流体直接进入测试管柱。当井内流体自喷时，则不需下入转子，直接进行测试；非自喷时，下入转子启动驱动装置抽汲排液。当遇稠油抽汲不畅时，无须动任何管柱，下入整体电缆加温，降低原油黏度即可达到顺利采出地层流体的目的。传动系统采用了 36mm×5.5mm 高强度空心杆，抗扭可达 3800N·m。

③ 跨隔＋射孔＋测试联作工艺。用跨隔的方式对目的层进行射孔与地层测试联作的综合试油方法。采用两级封隔器之间夹射孔枪及其引爆系统。射孔枪、减振系统、压力释放装置等与地层测试工具（MFE、HST、APR）一起下入井下预定位置。先通过校深使射孔枪对准目的层，再座封两级封隔器跨隔目的层，然后引爆射孔枪。射孔枪引爆后直接进行地层测试或试井等作业。

④ 跨隔＋射孔＋测试＋水力泵四联作工艺。该联作工艺是在"射孔＋测试＋水力泵"三联作基础上，增加一级跨隔封隔器，并将减振器换为压力释放装置。使用 MFE"跨隔＋射孔＋测试＋水力泵"四联作工艺管柱结构为（自上而下）：油管＋校深短节＋油管＋射流泵＋托砂皮碗＋油管＋单流阀＋油管＋MFE＋锁紧接头＋震击器＋压力计托筒＋阻流器＋传压接头＋剪销封隔器＋带孔接头＋安全接头＋液压点火头＋射孔枪＋压力释放装置＋盲枪＋卡瓦封隔器＋压力计托筒。四联作试油工艺可实现负压射孔、地层测试、酸化（酸压）及排液求产整个过程中不压井、不换管柱、不洗井等不向地层加压作业，最大程度地保护油气层，施工工艺简单、周期短，使每一试油层减少起下管柱 4 趟。

⑤ CHDT 过套管测试新工艺。斯伦贝谢公司研制的 CHDT 套管井动态测试器一次下井可以实现钻穿套管、测量储层压力、采集流体样品并对测试钻孔进行封堵，是一种新型的过套管井采样和测试仪器如图 2 所示。

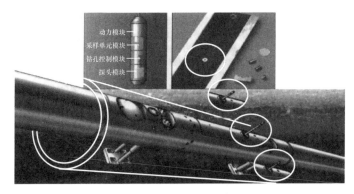

动力模块
采样单元模块
钻孔控制模块
探头模块

图 2　CHDT 工具图

CHDT 测量结果可与其他过套管地层评价仪器（如 CHFR 套管井地层电阻率测井仪器以及 RSTPro 油藏饱和度仪器等）得到的结果进行综合，这样得到的过套管综合评价结果消除了某些不确定性，从而得到优化的决策结果。CHDT 为优化再完井计划、充分利用老的或是不完整的测井资料、评价未知产层以及油井的经济潜能等，提供了经济有效的方法。

（蒲春生　于乐香　吴飞鹏　景　成）

【**气井试气 gas well testing**】　完井以后，对钻井、综合录井、测井所认识和评价的含气层，通过射孔、替喷、诱喷等多种方式，使地层中的流体（包括气、凝析油和水）进入井筒，流出地面，再通过地面控制求取气层资料的一整套工序过程。获取地层含气性和产气能力及气层特征方面的资料，是对气层进行定性评价的重要手段。试气的目的是为了确定气井的生产能力和必要的地层参数，以评价气层有无工业开采价值，判断增产措施是否见效，并为制定气井合理的工作制度提供依据。

试气工艺分类　按照工艺方法可分为常规气井试气、地层测试（包括裸眼井中途测试、负压射孔与地层测试器联作、试井）和特殊气井（包括定向井、含硫化氢气井、高温高压气井等）试气三大类。

试气取得资料　包括：（1）测定井口的压力恢复数据和井口的最大关井绝对压力，并由此压力计算出井底静压（必要时用井下压力计直接测出井底静压）。（2）在几个稳定的工作制度下，测定井口压力（油管压力和套管压力）、井底流动压力和产气量，并记录每个工作制度下的产油、产水和出砂情况。（3）求得气井的产气能力和产气方程（二项式和指数式）及绝对无阻流量。（4）确定气层的特性参数，如渗透率、流动系数等。（5）取样分析油（凝析油）、气、水的物理化学性质。

气井稳定试气法　在井口安置不同直径的标准孔板或针形阀对井底建立回压进行试气。每变换一次工作制度都可得出不同的压力和产量。根据试气所取得的资料，可求出产气方程，确定气井产能。

（蒲春生　于乐香　吴飞鹏　景　成）

【**常规气井试气 conventional gas well test**】　针对常规气井的试气工艺。一般要经过施工前准备、通井、射孔、替喷、诱喷、放喷、测试及资料录取等步骤。

施工前准备　包括资料准备、工具准备和井场准备等。

通井　一口井试气（射孔）前一般要求下通井规通井，以检验井身结构、完井质量等，为进行下一步工序提供基本保证。

射孔　现场采用的射孔方式有电缆传输射孔、油管传输射孔和过油管射孔三种方式。电缆射孔常应用于正压射孔，油管传输射孔常应用于负压射孔，过油管射孔常应用于井内有管柱的井的射孔。

替喷　用相对密度较小的液体将井内相对密度较大的液体替换出来，从而降低井内液柱压力，使气层的天然气依靠自身能量流入井筒到达地面的方法。

诱喷　对于不能自喷的气井，只有经过诱喷排液，降低井内液柱对油层的回压，在气层与井底之间形成压差，使天然气从气层流入井内，才能进行求产、测压、取样等测试工作。目前，诱喷排液常用的方法有抽汲、气举等。不管采用哪种方法，其实质都是为了降低井内液柱高度和减小井内液体的相对密度。

放喷　对于有自喷能力或经过替喷、诱喷而达到自喷的气井，通过地面控制进行排液的过程称为放喷。如果地层有自喷能力，则采用间歇放喷排液，排尽井内积液；若喷势很强，则应采取一次性连续防喷排液。气井经诱导自喷后，应进行连续放喷，其目的是清除井内的污物，解除地层堵塞，排净井筒积液。为更有效地排除井内污物和积液，可在关井几小时后再放喷，以增加自喷能力，这样反复几次，直到喷净为止。放喷时，井口压力应严格控制在最大关井压力的80%左右。为防止地层出砂，油嘴或针形阀应从小到大控制放喷。向大气中放喷时，放喷管线应尽可能铺直，切忌转急弯，同时应予以加固。放喷管线出口位置宜高不宜低，喷出的气流应点火燃烧。

关井测压　气井放喷后，确认已放喷干净，即可关井测压。关井后，井口压力逐渐回升，应记录压力恢复数据。经过一段时间，井口压力恢复到压力稳定的规定（一般以24h内压力波动不超过0.5%为准）时，精确测定此井口压力，这个压力称为井口最大关井压力（绝对）。根据此压力，可直接计算出井底静压力。对于积液放喷不干净的井，可将井下压力计下至液面以下，测准压力梯度，进而计算出井底静压。

开井测气　关井测压结束即可开井测气。在一个稳定的井底流动压力下试气，通常称为一个工作制度。在由放喷量的大小和最大关井压力的高低而选定的流量变化范围内，通过更换不同直径的孔板或控制节流阀的开度来实现工作制度的改变。试气要求不少于4个工作制度。在每个工作制度下，都应精确测定稳定的井口压力（油压和套压）以及稳定产气量。另外，尚需测定气流温度、环境温度，以及产油、出水量和含砂量等。

当用油管测试时，套管内为静止气柱，此时用套压（绝对压力）来计算井底流动压力；当用套管测试时，油管内为静止气柱，此时用油压（绝对压力）来计算井底流动压力。

对于井底有积液的井，可以通过将压力计下至气层部位，实测每个工作制度下的井底流动压力。

（蒲春生　于乐香　吴飞鹏　景　成）

【气井绝对无阻流量 absolute open flow of gas well；AOF】 天然气井理论上的最大极限产量。气井经过产能试井，得到流动压力与产气量之间的关系曲线，称为流入动态曲线（IPR 曲线）。当井底流动压力降到大气压力（1atm）时，气井处于极限的生产情况，此时的产气量即为该气井的绝对无阻流量 $q_{AOF}$，如图所示。

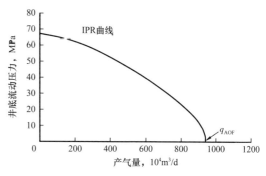

气井的 IPR 曲线和绝对无阻流量 $q_{AOF}$ 示意图

无阻流量 $q_{AOF}$ 值不能从现场测试中直接记录到，只能通过产能方程加以推算。

（于乐香　吴飞鹏　景　成）

【排水采气 gas recovery by discharge water】 解决气井井筒及井底附近地层积液过多或产水，并使气井恢复正常生产的措施，又称助排。

排水采气工艺可分为：（1）机械法，即优选管柱排水采气工艺、气举排水采气工艺、电潜泵排水采气工艺和机抽排水采气工艺。（2）物理化学法，即泡沫排水采气工艺。

这两类都是技术成熟的排水采气工艺，也是现场使用较多的工艺方法。但任何一种方法对气井的开采条件都有一定要求，必须针对气藏的地质特点、气井生产动态特点和环境条件来合理选择。此外，流体性质、出砂和结垢的情况、经济投入和产出的影响等也是需要考虑的重要因素，必须综合对比、分析各种影响因素，才能最后确定采用何种排水采气工艺。

（蒲春生　于乐香　景　成）

【气井钻杆测试 drill stem test in gas well】 在钻井钻进过程中，利用钻杆传输测试工具对气层抽取流体样本、测取气井产能与压力资料的作业。通过气井钻杆测试可取得：储层流体油、气、水属性，油气层压力、地层压力系数，折算油、气、水产量，油、气、水物化性质，表皮系数、有效渗透率、产能系数和流动系数等资料。

气井钻杆测试的优点：在油气层被钻井液浸泡时间不长，油层被伤害不大的情况下测取的有关资料，有利于及时、准确地发现并了解油气层情况。

（于乐香　景　成）

【段塞流测试 slug test】 在对气井段塞流测试前，先向井筒内注入一定量的水，使之形成一个段塞，在水开始流入地层时进行压力监测的方法。段塞流测试能够保持气井井筒与地层内为单相流，同时具有操作简单方便、测试时间短、费用小、可以用典型曲线进行分析的优点，在钻井和完井过程中经常采用此方法来获取储层参数。但段塞流测试法同时也存在着测试半径较小，对一些井不适宜等缺点。

（蒲春生　于乐香　景　成）

【压降 / 压力恢复测试 pressure drop / compression test】 将长期关闭的井开井生产，测量产量和井底流动压力随时间变化以及将气井从稳定生产状态转入关井状态，测量关井后井底压力上升情况的测试方法。压降测试包括等产量压降测试、变产量压降测试和探边测试等。压力恢复测试包括等产量恢复测试和变产量恢复测试。

　　压降 / 压力恢复测试适用于压力高、渗透性好、地下流体能产出地面的煤层。若初始条件下存在一定量的游离气，对于压降测试中气水同产的情况，应避免测试中流体饱和度发生较大的变化，并且最好在压降 / 压力恢复测试后接着进行注入 / 压降测试，以便提供比较准确的相渗关系曲线，用于测试数据的分析。在抽水压降测试中，为简化数据分析，提高分析结果的准确性，应选择好"时间窗"，尽量保持在单相流条件下进行测试。所谓"时间窗"是指试井曲线上用来解释参数的有效时间段，一般指单相水的径向流段。在径向流段的前面，是井筒储集引起的续流段，后面是抽水造成的脱气解吸段。

（蒲春生　于乐香　景　成）

【干扰测试 interference test】 利用两口气井进行的测试，在一口气井（激动井）进行产量变化，从另一口气井（观察井）测得激动后的压力变化，然后利用观察井的压力测试资料进行储层参数评价。井间干扰试井的目的是评价储层的连通性和非均质性。井间干扰试井资料在优化井网、提高天然气采收率方面十分有用。

（蒲春生　于乐香　景　成）

【气井探边测试 gas well limit test】 测试时间足够长，以达到拟稳态流动，从而分析压力降落（或压力恢复）数据，计算井到边界的距离和确定测试井控制面积，进而计算单井控制储量的方法。

　　气井探边测试作为油藏勘探及开发初期底层状况的分析方法，对于埋藏深度大于 2500m 的井，是其他物理方法所不能替代的。勘探初期的测试主要关注流体液性，产能，通常采用气井钻杆测试来完成。气井探边测试的主要目的是确定油藏边界的性质和大小，这是确定开发方案和开发方式的重要依据。地质和地球物理资料在确定地层边界性质和相边界限是非常困难的，通过气井探边测试使得不仅仅依靠圈闭溢出点判断油藏边界。

（于乐香　吴飞鹏）

【**试气地面流程 gas test ground process**】 为了安全、准确地完成试气作业工艺，在地面预先设置、安装设备装置的工作流程。根据现场实践，气井测试流程主要有常规气井测试流程、气水井测试流程和高压气井测试流程三种。

常规气井测试地面流程 主要由采气井口、放喷管线、气水分离器、临界速度流量计和放喷出口的燃烧筒组成（见图1）。这种测试流程适用于不产水或产少量凝析水的气井。因为临界速度流量计测试要求必须是干气，因此，要安装旋风分离器进行脱水后才能进行测试。常规气井测试地面流程是应用最广泛的气井测试流程。

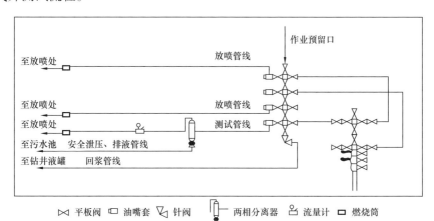

图1　常规气井测试地面流程

井口装置 气井井口装置的作用是悬挂套管、油管，并密封油管与套管及两层套管之间的环形空间，以控制油气井生产、回注（注蒸汽、注气、注水、注酸化液、注压裂液、注化学剂等）和安全运行的关键设备，主要包括套管头、油管头和采气树三大部分。

管汇台选型 常用管汇台有"丰"字形及"回"字形两种。按井口最大关井压力预测结果选择管汇台的压力级别。井口压力小于50MPa的井采用一级管汇台控制，其中井口压力小于20MPa的井采用35MPa管汇，井口压力为20～50MPa的井采用70MPa管汇；井口压力50MPa以上的井采用多级节流。

关键阀门和常操作的阀门采用密封性好、操作灵活、质量可靠的平板阀，调压、放空选用 J1K 型可调节流阀。分离计量流程选用使用寿命长、噪声小、耐冲刷的差压油密封闸阀和节流截止放空阀。安全阀选用开启关闭可靠、严密不易泄漏的先导式安全阀或弹簧式安全阀。

**放喷管线** 根据预测的气产量选择管线尺寸。若预测单翼气产量不小于 $80 \times 10^4 m^3/d$，井口至分离器宜选用规格为 $\phi76mm$ 和 $\phi89mm$ 的专用管线，采用螺纹或法兰连接。

根据井口压力确定放喷则试管线数量。井口压力为 25MPa 以下的井配备一条放喷管线和一条测试管线，井口采用油、套单翼连接；井口压力为 $25\sim50MPa$ 的井配备两条放喷管线和至少一条测试管线，井口采用双翼油管、单翼套管连接；井口压力 50MPa 以上的井应至少配备三条放喷管线和两条测试管线，井口采用双翼油管、双翼套管连接，放喷管线每隔 $10\sim15m$ 用地锚固定好。连接管线选用 $\phi73mm \times 5.51mm$ 或 $\phi89mm \times 6.45mm$ 油管及短节（钢级为 N80 以上）。含酸性气体气井需采用抗腐蚀材质。

**分离计量装置** 包括分离器和天然气计量装置。

（1）分离器。分离器处理能力与所分离流体的性质、分离条件以及分离器本身结构尺寸有关，对于一定性质和数量的处理对象，则取决于分离器的类型和尺寸。选择分离器类型应主要考虑井内产物的特点。

（2）天然气计量装置。在气井的测试过程中，天然气计量主要使用临界速度流量计或垫圈流量计。近年来涌现出一些新型天然气计量装置如差压式定值孔板天然气流量计量装置，它包括能产生差压信号、压力信号、温度信号的标准定值孔板节流装置，标准定值孔板节流装置连接带有压差传感器、压力传感器、温度传感器的宽量程差压变送器。该装置具有准确度较高、性能可靠、测量范围宽、量程比大等特点。

**燃烧装置** 放喷测试过程中，通常都将测试后的气体烧掉，因此放喷测试管口常常接一个燃烧臂。燃烧臂分为两种：一种是以排除残酸、防止残酸污染为主要目的的排酸臂；另一种是测试用高空燃烧臂。前者燃烧臂内部结构以旋风为主，加上挡板，可防止残酸飞扬性污染，且结构简单、价格低廉；后者是将火口从地面改在高空，放喷时气液混合物分级降压，气体膨胀分离，既可以增加分离效果，回收残酸，同时火焰又在高空燃烧，不会烧坏地面植被，有效地防止了环境污染。高空燃烧臂效果较好。

**气水井测试地面流程** 该流程与常规气井测试地面流程基本一致，主要区别在于其流程中要加入重力式气水分离器，分离后的天然气用临界速度流量计测试，水用计量罐测试。

高压气井测试地面流程　该流程一般采用三级降压保温装置并辅之一定的保温措施。测试流程中的主要装备有采气井口装置、节流降压装置、加热保温装置及分离器、流量计、燃烧筒等（见图2）。

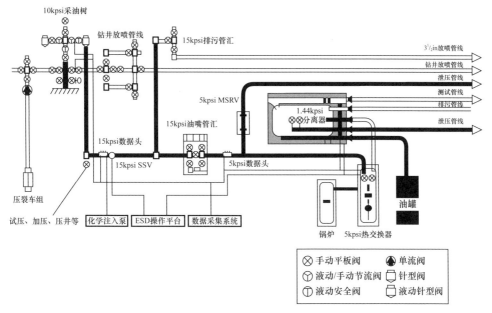

图2　高压油气井地面测试流程示意图

高温高压气井关井井口压力高，放喷、排液、测试时流速高，节流压差大，会在井口及各节流控制阀、分离器及流量计处结冰，由此会引起井口、分离器、放喷测试管线压力升高，造成憋抬分离器及管线，甚至导致井口失控或井毁人亡的恶性事故，地面放喷测试流程的节流、保温、密封是高温高压气井测试必须解决好的问题。

（蒲春生　于乐香　吴飞鹏　景　成）

【含硫气井试气 sulphur bearing gas well test】　对高含量 $H_2S$ 气井的测试作业。$H_2S$ 对人体具有致命的毒害，对钢材设备亦有相当严重的腐蚀作用。在对含 $H_2S$ 井试气时，需提前做好相应准备，采取相应的对策。

中子伽马测井　钻井完井时所测中子伽马曲线受钻井液滤液等影响往往偏低，对含硫气井试气作业前重测中子伽马曲线，以准确反映地层情况。将这条曲线同完井时所测的中子伽马曲线进行对比，如 $H^+$ 含量曲线幅度比原有曲线幅度值高，则表明原解释的水层、油层有可能是气层或含气层，依此判断出气层位置，然后再综合其他参数确定是否含有 $H_2S$，并估计 $H_2S$ 的含量。

油管传输射孔与地层测试联作　采用油管传输射孔与地层测试联作，在地层压力较高及地下液体情况不明的情况下进行试油，可取得地层的压力、产量及液性等数据，可在地面采用 $H_2S$ 检测仪等仪器对井内液体情况进行检测。若 $H_2S$ 的含量高，不适合试气条件时，则用此工艺可进行地下开关井、压井等施工措施。

测试地面流程　地面装备本着可在进行地层测试时随时实现关井、压井、放喷测试以及地面除硫的原则进行配套，应采用防硫井口、防硫分离器等。

压井方式　当开井后检测含有 $H_2S$ 时需压井的方式，根据现场情况分两种压井方式压井。

（1）关闭防硫阀门，然后关闭测试器，打开防硫阀门，确定测试器是否已关闭，投棒或憋压打开反循环阀，进行正压井。返出物出口经中和罐除去压井液中的 $H_2S$，这种方法可保留取样器内高压物性样品。

（2）发现 $H_2S$ 后，不关闭防硫阀门和测试器，直接通过正压井管线及流程，将油管内的液体直接挤入地层，而不返出地面，在确认压住后再关测试器，打开反循环阀。这种方法不能取得高压物性样品。

压井措施　射孔前，井口装好防硫防喷器，在井口准备好油管挂和连接短节及阀门，放置在井口附近。起下钻过程中保持液面在井口，随时向井筒内灌压井液。在起下管柱过程中如发现井口外溢或井喷，应采取如下措施：一是关闭封井器，将油管挂＋提升短节＋阀门（或旋塞）与井内油管连接，打开封井器，将油管挂坐于大四通内，然后进行压井；二是迅速关闭封井器，油管上连接阀门（或旋塞），进行压井。

📖 推荐书目

沈琛.试油测试工程监督［M］.石油工业出版社，2005.

文浩，杨存旺.试油作业工艺技术［M］.石油工业出版社，2002.

（蒲春生　于乐香　吴飞鹏　景　成）

【煤层气井试气 gas test of coal bed gas well】　对煤层气井的测试作业。试气工艺和油藏试油气的工艺过程有许多相似之处，射孔完井煤层气的试气过程一般需要通井、洗井、射孔、酸洗、注入／压降试井、压裂等工序（洞穴完井、筛管完井不需要射孔、压裂）。通井、套管刮削和洗井的方法与常规试油相同。

煤层射孔　使煤层和井筒沟通形成通道的一种方法，煤层和井筒的畅通能使煤层中的流体顺利地进入井筒，因此，使用强力射孔弹无疑是一种好办法，它能减弱钻井液、固井水泥的不利影响。通常煤层射孔都采用相位 60°、穿透能力强的 LY56YD–IS 射孔弹，孔密 16 孔 /m。

　　*煤层酸洗*　采用先进射孔技术，完成了井筒与地层的基本连通。为进一步清除钻井液、固井水泥浆、射孔对地层的伤害进行的洗井。因为煤本身与盐酸不发生反应（煤中含有少量的无机杂质可以不考虑），所以酸洗的半径仅限于污染的范围，一般采用15%的盐酸配液即可。酸洗完成后，要进行反排，以使反应后的生成物快速排出地层并洗井，否则会造成二次伤害。实践证明酸洗效果非常好。

　　*煤层压裂*　以改变煤层的天然裂隙或割理，与井筒间建立起更有效的连通孔道对煤层进行的压裂。煤层在自然条件下大多数都具有裂隙，但为了达到工业性生产，通常需要压裂。

　　大多数的压裂技术都可以应用于煤层压裂，国内及国外已开发了许多专用于煤层气井的压裂方法，对其比较有效的并且取得较好效果的工艺是小型压裂试井或注入—压降试井，是取得压裂系列的泵注试验。一般在压前进行，为压裂施工设计提供重要参数，小型压裂试井可改进施工方案，主要有以下几方面：确定破裂梯度；了解压裂时的漏失量；确定压裂时的闭合压力（指在该压力下煤层的应力，使压裂裂缝闭合到支撑剂之上）；确定最高破裂压力（产生一条裂缝所需的压力，它等于破裂梯度乘以煤层深度）。

　　*小型压裂试气录取资料*　基于不同试气方法，获得数据具有差异。台阶状流量试气可获取破裂压力；注入/回流或注入/关井试气可获取裂缝闭合压力；小型压裂压降试气可探测液体漏失效应；泵入/关井试气可分析液体漏失系数、裂缝宽度、长度、闭合时间。

（蒲春生　于乐香　吴飞鹏　景　成）

【**注入/压降测试 injection/pressure drop test**】　以恒定排量将水注入煤层气井中一段时间后关井，对注入和关井阶段用井下压力计测试井底压力的作业。这两个阶段的压力数据可独立用于分析求得渗透率，注入/压降测试在煤层气勘探中应用相当广泛。

　　当煤层气藏中的流体处于一种平衡状态时，人为地干扰一口井的平衡状态，即在煤层造成一个干扰压力，这个干扰压力随着时间的推移而不断地向井壁四周的地层径向扩散，最后达到一个新的平衡状态。这种压力干扰的不稳定过程与煤层及煤层内的流体性质有关。井下压力计将记录井下压力随时间的变化规律，通过压力和时间的关系曲线，可以得到该井和煤藏的重要参数。注入/压降试井是一种不稳定试井，从试井形式上可分为井下存储式试井和地面直读式试井。

　　*地面直读式试井*　电子压力计将地层压力变化的信息通过电缆传送到地面

的计算机上，由计算机记录变化的值并绘制出压力随时间变化的曲线。

井下存储式试井　将地层压力变化的信息存放在电子压力计内，起出压力计后，在地面上和计算机连接回放数据，绘制出压力随时间变化曲线。

（蒲春生　于乐香　景　成）

【煤层气钻杆测试　DST test of coal bed gas】　利用钻杆地层测试器进行，依靠煤层气的流动、产出和压力恢复的过程求取煤层气藏参数的测试方法。是认识测试层段的流体性质、产能大小、压力变化和井底附近有效渗透率，以及目的层段被伤害状况的常用手段。煤层气井钻杆测试目的与常规油气井有些不同，由于煤层气多以吸附状态存在于煤储层中，因此煤层气井钻杆测试主要是了解煤储层中水的能量、割理的渗透能力、储层压力，以及判断原始游离气是否存在，为下一步的改善措施提供参数依据。钻杆测试方法常用于渗透率和储层压力较高的储层中。

（蒲春生　于乐香　景　成）

【煤层气罐测试　tank test of coal bed gas】　一种简化的注入/压降测试方法，适用于高渗透、压力低于静水柱压力、水饱和煤岩层的测试方法。与注入/压降测试相比，煤层气罐测试使用成本较低的罐来代替注水泵，无须确定注入量的多少，只需确定罐的大小。它一方面节约施工成本，避免地层被压开；另一方面可以考虑较长注入时间，获得较大的探测半径。这种测试依靠罐内高液面所产生的重力差，向地层内连续注水。罐内的压力用不断加水来维持，向罐内加水要迅速，并在加水前和加水后准确计量水位高度，以便用液面精确计量注入量，也可同时用流量计来记录。

（蒲春生　于乐香　景　成）

# 试油资料

【**试油资料处理解释** testing data process and interpretation 】 运用数学及数理统计的方法，结合试油层地质情况对试油测试取得的产量、压力、温度等资料进行综合分析、评价试油井及储层性质的工作。根据试油方法的不同分为常规试油资料分析处理和地层测试资料处理分析。

　　**常规试油资料分析处理**　对常规试油资料进行分析、处理的过程。主要内容包括：（1）试油求产曲线。以日期为横坐标，以油嘴、生产时间、静压、流压、油压、套压、含水、气油比、油产量、气产量、水产量为纵坐标，曲线反映试油求产的生产过程。（2）指示曲线。以产量为横坐标，以生产压差、油嘴尺寸、平均液面深度为纵坐标，曲线反映油井生产的合理工作制度。（3）系统试井曲线。以油嘴尺寸为横坐标，以油产量、气产量、水产量、含水量、气油比、流压等为纵坐标，曲线反映不同工作制度下的生产状态。（4）压力和温度梯度曲线。以温度或压力为横坐标，以井深为纵坐标，曲线反映井筒内的压力和温度随井深的分布和变化。（5）压力恢复曲线。利用压力恢复曲线获取或计算地层静压及储层参数。

　　**地层测试资料处理分析**　对测试过程中取得的压力和温度变化数据，结合油气藏物性参数及产量资料进行数学处理和数理统计，求取油气藏特性参数的过程。主要包括霍纳法、双对数导数拟合法等方法。

　　**霍纳法**　一口井稳定产量生产一段时间 $t_p$ 后，关井测取随时间变化的井底压力，得到压力恢复曲线。通常用 $p_{ws}$（$\Delta t$）表示关井时刻的压力，在半对数坐标纸上，以直角坐标表示 $p_{ws}$（$\Delta t$），对数坐标表示（$t_p+\Delta t$）/$\Delta t$，做出 $p_{ws}$（$\Delta t$）与（$t_p+\Delta t$）/$\Delta t$ 的半对数曲线，即为霍纳曲线。该曲线的突出特点是当地层中的流体形成平面径向流时，井底压力随时间变化为一直线关系，用斜率很方便准确地求出地层压力和参数。

　　**双对数导数拟合法**　即"现代试井解释方法"。其原理是根据各类不同油藏的理论模型，用微分方程和定解条件求出它们的解，把得到的解分别绘制成无量纲压力和无量纲时间（或其他有关量）的关系曲线，形成样版曲线或解释图版。在进行压力恢复曲线解释时，实测压力变化数据画在透明双对数坐标纸上，得到实测压力差与时间的双对数曲线，然后通过图版拟合，通过观察实测曲线与某一类模型的解释图版中样版曲线拟合的吻合情况，来识别油藏和油井的类型，并以各种拟合数值计算油藏和油井的特征参数。

使用现代试井解释软件对地层测试资料处理解释，结合其他地质资料，可以取得以下主要参数：（1）储层有效渗透率。在地层流动状态下实测的油层平均有效渗透率，是有实用价值的参数。（2）储层伤害程度。计算出堵塞比和表皮系数，判别地层是否受到伤害及其伤害程度，为油层改造措施决策提供依据。（3）原始地层压力。通过实测或用压力恢复曲线外推获得。（4）储层测试半径。在测试过程中，因流量变化引起压力波前缘传播深入地层的径向距离。（5）油气藏边界。在测试半径内，压力波及断层面或地层的非渗透边界。如果存在断层面或地层的非渗透边界，可分析计算出距离。（6）压力衰竭现象。在正常测试条件下，若发现有压力衰竭现象，可推断油藏的分布范围，分析是否有开采价值。（7）油气藏类型。如均质储层、双孔隙储层等。（8）储层含流体类型，储层油、气、水产出情况。（9）储层产能。（10）储层油气水界面。（11）单井控制面积和储量。

（李东平　冉晓锦）

【抽汲次数 swabing down times】 利用钢丝绳或抽杆将带胶皮圈和阀门的抽子在油管内高速上提下放的次数。随抽汲次数增加，井内液体逐渐排出井外，达到降低井内液柱压力、诱导油气流的作用，同时可用以计算低压低产井排液量或产量。抽汲次数为抽汲作业中需要录取的资料之一，包括总抽汲次数和有效抽汲次数、班抽汲次数和累计抽汲次数。在一段抽汲作业资料录取过程中应减去不排液的空抽次数。

为保证抽汲效率，在抽汲过程中每抽汲 3～5 次，应对抽子胶皮进行一次检查；对于出砂较为严重的井进行抽汲时，为防止卡钻，最好每抽一次，将抽子提出井口。

（于乐香　郑黎明）

【空抽次数 pumped off times】 一段抽汲作业过程中，在油管内高速上提下放抽子，但未进行排液的次数。

空抽次数是抽汲作业中需要录取的资料之一，空抽次数高一定程度上反映井的产液能力低。同时，空抽次数与抽汲深度、抽汲速度均有关；抽汲深度较小、抽汲速度较高时，会增加空抽概率，在进行抽汲求产中应合理选择工作参数。

（于乐香　郑黎明）

【抽汲深度 swabbing depth】 在抽汲过程中抽子下放的深度。为抽汲作业中需要录取的资料之一。抽汲深度与*动液面深度*可联合确定抽子沉没度，抽子沉没度一般在 150m 左右，抽子沉没度要求不得大于 250m。

（于乐香　郑黎明）

【动液面深度 depth of working fluid level】 从井口或转盘到动液面（油管和套管环形空间中的液面，随抽汲与生产过程而波动变化）的深度。抽汲作业过程中动液面深度从转盘算起，正常油井开采过程中动液面深度从井口算起。动液面深度与静液面深度相对照。动液面深度与*动液面高度*均可用于确定井内动液面的位置。

油井的动液面深度是反映地层供液能力的一个重要指标，是油田确定合理沉没度、制定合理工作制度的重要依据。通过对动液面深度的分析，可确定泵深、计算井底流压；根据动液面深度的变化，可判断油井的工作制度与地层能量的匹配情况。

（于乐香　郑黎明）

【井口油压 tubing head pressure】 井口油管内的压力，简称油压。井口油压分为井口静压和井口流压，关井时的井口油压称为井口静压，生产时的井口油压称为井口流压，井口流压因为存在摩擦和滑阻损失，小于井口静压。井口静压可以直观地判断地层压力下降情况，而井口流压与产量（或注入量）有关，产量上升或注入量减小，井口流压下降。

井口油压和*井口套压*均为生产与作业过程中录取的重要参数。对生产井而言，井口油压与产量可联合用于产能分析；对注入井而言，正注时用井口油压表示注入压力。

（于乐香　郑黎明）

【井口套压 casing head pressure】 井口套管和油管环形空间内的压力，简称套压。对于生产井而言，合理地控制套压可以保持好的动液面，实现生产井高产、稳产；对于注入井或从环空注入流体情形而言，反注时录取参数为套压；对于井控过程而言，记录井口套压有助于观察井内流体特征、指导压井流体配制。调整井口套压可以保证钻井或作业过程井下安全。

（于乐香　郑黎明）

【孔隙度 porosity】 岩石的孔隙体积与其总体积的比值，又称岩石孔隙率。用公式表达为：

$$\phi = \frac{V_\text{p}}{V_\text{t}} \times 100\% = \frac{V_\text{t} - V_\text{m}}{V_\text{t}} \times 100\% = \frac{V_\text{p}}{V_\text{p} + V_\text{m}} \times 100\%$$

式中：$\phi$ 为孔隙度，%；$V_\text{p}$ 为岩石孔隙体积，$cm^3$；$V_\text{m}$ 为岩石骨架体积，$cm^3$；$V_\text{t}$ 为岩石总体积，$cm^3$。

岩石孔隙度是度量岩石储集能力的参数，也是岩石物性基本参数，还是认识油气储层、计算储量和进行油气田勘探开发的基础数据。

*孔隙度的分类* 岩石的孔隙度分为总孔隙度（或绝对孔隙度）、有效孔隙度和流动孔隙度。

总孔隙度 $\phi_\text{t}$ 为岩石的总孔隙体积（包括连通的和不连通的孔隙体积）$V_\text{tp}$ 与岩石总体积（外表体积）$V_\text{t}$ 的比值，用公式表示为：

$$\phi_\text{t} = \frac{V_\text{tp}}{V_\text{t}} \times 100\%$$

有效孔隙度 $\phi_\text{e}$ 为岩石中相互连通的孔隙体积 $V_\text{ep}$ 与岩石总体积 $V_\text{t}$ 的比值，用公式表示为：

$$\phi_\text{e} = \frac{V_\text{ep}}{V_\text{t}} \times 100\%$$

流动孔隙度 $\phi_\text{f}$ 又称运动孔隙度，是指流体能在岩石孔隙中流动的孔隙体积 $V_\text{fp}$ 与岩石总体积 $V_\text{t}$ 的比值，用公式表示为：

$$\phi_\text{f} = \frac{V_\text{fp}}{V_\text{t}} \times 100\%$$

流动孔隙度与有效孔隙度的区别是，它不包括死孔隙，也不包括岩石颗粒表面上存在的液体薄膜的体积。此外，流动孔隙度随地层中的压力梯度和液体的物理化学性质（如黏度等）变化；对于发生明显窜流的高含水高渗储层、裂缝性储层、层间非均质性强的储层等，岩石中的部分孔隙即使相互连通，可能也不参与流动，此时应考虑流动孔隙度对储层渗流特征的影响。

以上三种孔隙度的关系是：

$$\phi_\text{t} > \phi_\text{e} > \phi_\text{f}$$

在油气勘探开发中常用的是有效孔隙度和流动孔隙度。

含有裂缝—孔隙或溶洞—孔隙的储层岩石称为双重孔隙介质。其中：岩石固体颗粒之间形成的孔隙称为基质孔隙，其孔隙度为基质孔隙度（$\phi_1$）；裂缝或孔洞构成的孔隙称为裂缝—孔洞孔隙，其孔隙度为裂缝—孔洞孔隙度（$\phi_2$）。这种双重孔隙介质的孔隙度为 $\phi_1$ 与 $\phi_2$ 之和。

*储层孔隙度分级*　通常，砂岩的孔隙度在 10%～40% 之间，碳酸盐岩的孔隙度在 5%～25% 之间。

按照孔隙度值来评价储层时，常用的砂岩储层的孔隙度评价标准是：$\phi$ 小于 5% 时为极差；$\phi$ 在 5%～10% 之间为差；$\phi$ 在 10%～15% 之间为中等；$\phi$ 在 15%～20% 之间为好；$\phi$ 大于 20% 时为极好。

*影响孔隙度的因素*　对碎屑岩来说，主要有颗粒排列方式、分选性和磨圆度、胶结物与泥质杂基、岩石的压实程度和后生作用等。

（1）颗粒的排列方式。从理想的等直径球形颗粒岩石模型分析，岩石的孔隙度与颗粒直径无关，仅与颗粒的排列方式有关。正排列（立方体排列）时孔隙度最大，达 47.6%；菱形排列时孔隙度最小，为 25.9%。实际岩石颗粒大小并不均匀，许多小颗粒往往嵌在大粒形成的孔隙中，或者大小颗粒互相镶嵌，形成的孔隙度远远小于理想模型的数值。

（2）颗粒的分选性和磨圆度。通常，颗粒的分选性越好、岩石的孔隙度越大；圆度越好，分选性也越好，故岩石的孔隙度较高。

（3）胶结物与泥质杂基。胶结物和泥质杂基的成分和含量以及胶结类型与岩石孔隙度的关系十分密切。一般含泥质杂基的砂岩较为疏松，孔隙度较好。随着泥质含量增加，孔隙被充填，岩石孔隙度显著下降。通常泥质含量大于 15% 时，孔隙度往往都小于 20%。

碳酸盐类（方解石、白云石等）胶结物对岩石孔隙度的影响远大于泥质杂基。当碳酸盐含量大于 3%～5% 时，岩石孔隙度显著变小，因为碳酸盐多充填于孔隙中，且它们是化学生成物的结晶，孔隙极少，因而严重影响了岩石孔隙度。

胶结类型也影响着岩石的孔隙度。通常，接触式胶结的孔隙度最大，孔隙式胶结的次之，而基底式胶结的最小。

（4）岩石的压实程度。地层理藏越深，压实越严重，有时甚至会造成颗粒间互相镶嵌，产生压溶现象，导致孔隙度下降。

（5）岩石的后生作用。它对孔隙度的影响主要有两个方面：（1）受构造力的作用，储层岩石产生微裂缝，导致岩石孔隙度增加。（2）地下水溶蚀岩石的碎屑成分和胶结物，增加了岩石的孔隙，但是，如果地下水中的矿物质沉淀，就会充填或缩小岩石的孔隙。

孔隙度的测量方法　地质勘探与测井中用维利（Wyllie）时间平均方程估算孔隙度。在开发过程中利用室内分析（液体饱和法和气体注入法）测量得到孔隙度数值，对于孔隙度、渗透率均非常小的非常规储层岩石，可通过构建数字岩心计算得到其孔隙度。

（于乐香　郑黎明）

【渗透率 permeability 】　在一定压差下，多孔介质（岩石）允许流体通过的能力。数值根据达西定律确定，为某种单位黏度的流体在单位压力梯度下，单位时间内流过单位截面积的多孔介质的体积。亨利·达西（Henry Darcy）在 1956 年首次用公式表述了流体通过多孔介质其驱动势能梯度（压力或重力头）同流体渗流速度的关系。为纪念亨利·达西，国际上用达西（D）作为渗透率的单位，达西单位太大，油气田现场一般用毫达西（1mD=0.001D）。

地层被单一流体饱和时的渗透率叫作绝对渗透率，一旦地层中存在多相流体时，有些孔隙是某一特定相不能进入的，这就引出了该相的有效渗透率。有效渗透率与绝对渗透率之比叫作相对渗透率。

（方代煊）

【有效渗透率 effective permeability of reservoir 】　某一相流体在储层中的渗透率。可根据试油获取的不稳定试井资料、流体产量数据、流体的高压物性参数等数据，运用试井解释方法求得。确定储层有效渗透率的方法有半对数分析方法和双对数典型曲线拟合法。半对数分析方法主要使用广义的霍纳法即叠加时间函数法，既能分析多个流动期数据，又能分析两个流动期的压力恢复和单个流动期的压力降落资料。

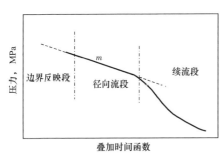

压力和叠加时间函数的关系图

压力和叠加时间函数的关系如图所示，通过求取地层径向流直线段斜率，即可求得地层有效渗透率。

储层有效渗透率是评价储层和油气藏的重要参数，是制定油田开发方案、确定油气井的产能、井距和油井的数量的重要参数。

✎ 推荐书目

刘能强.实用现代试井解释方法［M］.北京：石油工业出版社，2003.

（李东平　徐建平　于乐香）

【储层伤害程度 pollution content of reservoir】 用于表征井壁附近地层伤害和完善程度的参数。由于储层打开、开发而使储层（岩石或流体）物性发生改变，使得储层渗流能力发生变化。储层伤害会影响油气藏的开发效果，储层伤害程度越大，储层渗流能力受到的影响越严重，附加阻力越大。随着对储层保护的高度重视，储层伤害程度在油气藏开发的各个阶段或作业中均有所涉及，通过对应的一系列指标评价来反映开发过程或井筒作业对储层的伤害程度。可利用试油资料，通过地层测试资料处理解释求得。主要包括表皮系数、附加压降、堵塞比、流动效率和折算井筒半径等。储层伤害程度是确定油气井是否实施增产措施（如酸化、压裂），以及措施效果评价的重要依据。

井底附近储层伤害程度可用储层伤害系数来进行评价，储层伤害系数可以通过试井方法求得，表达形式为：

$$DF = \frac{\Delta p_s}{p^* - p_{wf}}$$

式中：$DF$ 为储层伤害系数；$\Delta p_s$ 为附加压降，MPa；$p^*$ 为推算地层压力，MPa；$p_{wf}$ 为井底流动压力，MPa。

由表达式中看出，储层伤害系数标志着储层伤害造成的压差与生产压差之比。当 $DF=0$ 时井是完善的；当 $DF>0$ 时井受到伤害；当 $DF<0$ 时井得到改善。

（李东平　徐建平　于乐香　郑黎明）

【井筒储存系数 wellbore storage coefficient】 与地层相通的井筒内流体体积的改变量与井底压力改变量的比值，一般用符号 $C$ 表示，单位为 m³/MPa。又称井储系数。该系数通常是一个常数，可用于描述井筒储存效应大小。其物理意义为：在开井或关井初期，压力改变一个单位时，流体从井筒内流出井口或从地层中持续流入井筒的体积。例如对于在井口关井进行测试的高含气井，或者对于井口敞开以液面恢复为特征的水井，井储系数很大，其数值介于 1～10m³/MPa；如果采取井下关井工具进行井底关井，则井储系数 $C$ 要小得多，为 0.001～1m³/MPa 范围内。

井筒存储效应影响　在油井测试过程中，由于井筒中的流体的可压缩性，关井后地层流体继续向井内聚集，开井后地层流体不能立刻流入井筒，这种现象称为井筒储存效应。该过程中产液量和压力不能瞬时达到恒定值，分为早期井筒储存阶段、无限作用径向流动阶段和后期阶段。井筒储存效应是影响不稳定井底压力测试的重要因素之一。

当一口井打开井口，阀门开始生产时，首先流出井口的油气流来自原本存储于井筒中的流体，由于开井后流体的膨胀而流出井口。开井瞬时地层中的流体还没有来得及采出，因而在初始时间段井下压力计所监测到的压力变化，并不完全反映储层的影响，更多地反映了井筒中流体膨胀的过程。这一时间段称为早期续流段或早期井筒储存阶段。

造成井筒储存影响的井筒条件分为两类：一类是井口处于密封状态，而且井口的表压力大于0，另一类是井口敞开存在自由液面的情况。两类不同情况形成井筒储存影响的机理不同，从而使计算井筒储存系数的公式及数值大小也不同。对于自由液面情况，即使井内的体积及流体成分相同，其井筒储存系数值也比井口密封时大。对于同是井口密封的情况，井筒储存系数的大小又与井筒密封体积大小，以及井内的流体成分有关，井筒体积越大，流体的压缩性越大（例如气体），则井筒储存系数 $C$ 值越大。

井筒储存系数获取方法　井筒内的流体成分非常复杂，井筒储存系数 $C$ 需要通过不稳定试井曲线（压降曲线或压力恢复曲线）的分析解释求得。在把不稳定试井曲线画在双对数坐标图中时，它的早期段是以续流影响为主的、斜率表现为1的直线段。随着时间的延长，其不稳定压力变化根据地层条件不同而表现为一个曲线族。在这个曲线族中的每一条曲线，都以井储系数 $C$ 和表皮系数 $S$ 为参变量。

把实测曲线与标准曲线族（图版曲线）对比拟合后，可以得到实际测试井的井筒储存系数 $C$。井筒储存系数 $C$ 一般不能反映地层的任何特征，但通过对井筒储存系数 $C$ 值的分析和鉴别，对比实际测试井的条件，可以判断试井分析结果的整体可靠性，因而井筒储存系数是从试井解释得到的一项重要特征参数。

（于乐香　郑黎明）

【地层压缩系数 formation compression coefficient】　单位压力下地层体积变化率，由储油岩石的孔隙压缩系数与流体压缩系数求得。

岩石孔隙压缩系数 $C_f$ 为单位压力下的岩石骨架体积变化率，反映基质孔隙的变化率。流体压缩系数 $C_L$ 为单位压力下的流体（液体或气体）的体积变化率，为流体体积弹性模量的导数。地层压缩系数计算式为：

$$C_t = \phi C_f + C_L$$

式中：$C_t$ 为综合压缩系数；$\phi$ 为孔隙度；$C_f$ 为岩石压缩系数；$C_L$ 为流体压缩系数。

岩石孔隙中通常是充满流体的，且往往不止一种流体，而是多种流体共存，流体的压缩系数是各种单相流体（油、气、水）压缩系数的饱和度加权平均值。如孔隙中含油和水，则地层压缩系数表示为

$$C_t=\phi C_F+S_o C_o+S_w C_w$$

式中：$S_o$ 和 $S_w$ 分别为含油饱和度和含水饱和度；$C_o$ 和 $C_w$ 分别为油相压缩系数和水相压缩系数。

（于乐香　郑黎明）

【**表皮系数 skin factor**】 表示表皮效应大小的无量纲参数，通常用符号 $S$ 表示。又称表皮因子、井底阻力系数，在钻井和完井作业中，储层受钻井液、完井液侵入的影响，井壁附近地层受到伤害，流动阻力增大，形成一个与原地层特性不同的"表皮"区。当流体通过这一"表皮"区时，便产生一个正的附加压降 $\Delta p_s$。反之，另一些井采用深穿透射孔、酸化或压裂等措施，使井壁附近产层的渗透率变大，流动能力增强，形成所谓负"表皮"，流体通过负"表皮"区时，产生一个负的附加压降 $\Delta p_s$。上述两种现象通称表皮效应。

对于均质油藏中的一口井，当 $S=0$ 时，说明井未受伤害，为完善井；当 $S>0$ 时，说明井受到伤害，为不完善井；当 $S<0$ 时，说明井的增产措施见效，为超完善井。

对于双重介质和双孔隙油藏中的一口井，当 $S=-3$ 时，说明井未受伤害，为完善井；当 $S>-3$ 时，说明井受到伤害，为不完善井；当 $S<-3$ 时，为超完善井。

设想井壁贴一层表皮，流体流过它时所产生的附加阻力正好等于因近井地层渗透率变化所产生的附加阻力（见图）。引入表皮后可以认为近井地层的渗透率未发生变化，从而避免了因近井地层渗透率发生变化所造成的数学处理困难。

可用完善井半径 $R_w$ 与井的折算半径 $R_c$ 的比值的自然对数来表示表皮系数。当 $R_w/R_c=1$ 时，$S=0$，说明井是完善的；当 $R_w/R_c>1$ 时，$S>0$，

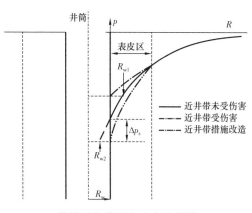

井筒近井带压力分布示意图

说明井不完善、储层受到伤害；当 $R_w/R_c<1$ 时，$S<0$，说明井是完善的，近井带储层渗流得到改善。

$$S=\ln（R_w/R_c）$$

式中：$S$ 为表皮系数；$R_w$ 为完善井的半径，m；$R_c$ 为实际井的折算半径，m。

任何引起井筒附近流线发生改变的流动限制，都会产生正表皮系数，因此

在完井测试中需要获得井底伤害程度（表皮系数）、流动系数等资料。表皮系数是油藏动态拟合与预测过程中需要修改的物性参数之一。

表皮系数一般采用试井解释计算得到，用于确定某口井的总流动效率，可将试井中得到的较大正表皮系数作为能否进行增产措施以提高单井产能的依据。但应注意，试井解释计算出来的表皮系数实际上是个复合变量，它不仅仅是近井区地层伤害的函数，它还与射孔几何参数、井斜、产层打开程度和其他（与相态和流量相关的）参数有关。试井解释得到的渗透率和表皮系数具有相关性，其中一个变量的误差会直接影响另一个变量，所以对选定的渗透率—表皮系数模型，需要结合一些附加的输入数据来减小计算的不稳定性。

（于乐香　郑黎明）

【**流动系数** flow coefficient】　地层渗透率（$K$）与油藏厚度（$H$）的乘积和地层流体黏度（$\mu$）的比值，$KH/\mu$ 反映流体在地层中流动难易程度。流动系数越大，流体流动能力越大。

流动系数通常可以由试井曲线解释得到。可利用不稳定试井分析方法确定油气井供给区域的流动系数。一方面，用压力恢复曲线或压降曲线计算有效渗透率 $K$ 及地层系数 $KH$，然后利用地层系数除以流体黏度即可得到流动系数。另一方面，可用干扰或脉冲试井曲线计算导压系数，然后联立导压系数、孔隙度和综合压缩系数，求解得到井间平均流动系数。

流动系数可用于指导油藏开发，在油藏工程中井产量公式基本形态为

$$q = \frac{2\pi KH(p - p_{\mathrm{w}})}{\mu \ln(r/r_{\mathrm{w}})}$$

式中：$p$ 为油藏距离井 $r$ 处的油藏压力，MPa；$p_{\mathrm{w}}$ 为井底压力，MPa；$r$ 为油藏距离井的距离，m；$r_{\mathrm{w}}$ 为井筒半径，m。

从上式可以看出，油井增产有两个措施：一是增加压差可以增油井的产量，其方法是增加供给压力或降低井底压力，但井底压力明显低于原油的饱和压力时，气体将会释放，从而出现油气两相流，降低油相的有效渗透率。二是提高地层的流动系数，油藏的渗透率越大，井的产量越高；油藏厚度越大，产量越高；油藏流体黏度越大，产量越低。

在实际油藏增产措施中，压裂是通过提高地层渗透率来达到增产的目的，聚合物驱油通过改善水、油流度比，热力驱油通过降低原油黏度来提高原油采收率。

（于乐香　郑黎明）

【**地层系数** formation capacity】　地层渗透率（$K$）与油藏厚度（$H$）的乘积，反

映流体在地层中的流动难易程度的参数。随着地层渗透率、油藏厚度的增大，地层系数数值增大，流体流动能力越大。地层系数通常可通过试井解释得到。地层系数对井距选择的影响较大，在其他条件相同的情况下，地层系数越大应当选择的井距也越大。

（于乐香　郑黎明）

【流度 mobility】 多孔介质的有效渗透率与流体黏度之比，用符号 $\lambda$ 表示。

$$\lambda = K/\mu$$

式中：$\lambda$ 为流度，mD/（mPa·s）；$K$ 为流体的有效渗透率，mD；$\mu$ 为流体黏度，mPa·s。

流度表示流体流动能力的大小，流度越大，流动能力越大。

两种流体在多孔介质中用流度比 $M$ 来表示两种介质的相对流动能力。流度比 $M$ 通常是指油层中驱替相的流度与被驱替相的流度之比，在油田注水开发中，水油流度比指的是水的流度与油的流度之比。

$$M = \lambda_w/\lambda_o$$

式中：$M$ 为水油流度比；$\lambda_w$ 为驱替相（水相）流度，mD/（mPa·s）；$\lambda_o$ 为被驱替相（油相）流度，mD/（mPa·s）。

当 $M > 1$，驱替相流体的流动性比被驱替相流体的流动性好，是不利的驱替；当 $M < 1$，则被驱替相的流度大于驱替相流体的流度，是有利的驱替。

由于水和油的有效渗透率随饱和度的变化而变化，流度比值并不容易确定。通常水的有效渗透率取束缚水时的水相渗透率，而油的有效渗透且在取残余油时的油相渗透率。影响驱油剂波及系数的主要因素就是水油流度比。流度比越小，波及系数越大，注水开发的效率越高。如，在提高石油采收率方法中，聚合物驱是以聚合物水溶液作为驱油剂，其最重要的机理就是降低水油流度比。

📝 推荐书目

C.R.史密斯.实用油藏工程［M］.岳清山，柏松章等译.北京：石油工业出版社，1995.

（于乐香　郑黎明）

【储能系数 storativity】 油藏开发初期优选高产富集区和预测油井产能，表示储层含油或气富集程度的参数。常用（$h\phi S_o$）或（$h\phi S_g$）来表示。与地层系数（$KH$）相比，更适用于低渗透油藏。

低渗透油藏投产前需要压裂，油井生产时流体流动能力的大小不再是由油层本身的渗透率所决定，而主要取决于压裂裂缝所提供的渗透率的大小，地层系数也就不能准确地反映油井产能。储能系数则准确反映了某一井点处的"含油量"的多少，只要"含油量"多，即使渗透率低，经过压裂后仍能获得较高产能。

（于乐香　郑黎明）

【地层弹性储能系数 formation elastic storativity】 反映储层弹性能的富集程度的参数，等于地层孔隙度、地层有效厚度与地层压缩系数的乘积。通过对干扰试井资料的分析解释直接求得，其表达式为：

$$s=\phi HC_t$$

式中：$s$ 为地层弹性储能系数，h/MPa；$H$ 为地层有效厚度，m；$\phi$ 为地层孔隙度；$C_t$ 为地层压缩系数，$MPa^{-1}$。

（庄惠农　于乐香　郑黎明）

【流动效率 flow efficiency】 用于评价井底附近储层流动能力的参数，为实际采出能力与最大理论采出能力之比。又称产率比 $PR$、完井系数 $PF$ 等。表达式为：

$$FE=\frac{J_{实际}}{J_{理想}}=\frac{p^*-p_{wf}-\Delta p_s}{p^*-p_{wf}}$$

式中：$FE$ 为流动效率；$J$ 为采油指数，$m^3/（MPa \cdot d）$；$p^*$ 为推算地层压力，MPa；$p_{wf}$ 为井底流动压力，MPa；$\Delta p_s$ 为附加压降，MPa。

当井未受到伤害，附加压降为 0 时，$FE=1$；当 $FE<1$ 时，井受到伤害；当 $FE>1$ 时，井得到改善。

（于乐香　郑黎明）

【窜流系数 interporosity flow coefficient】 双重介质地层中反映流体从基质向裂缝过渡时的难易程度的参数（$\lambda$），为流体从基质向裂缝过渡流动时的渗透率 $K_m$ 与裂缝渗透率 $K_f$ 之比，一般用 $\lambda$ 表示。表达式为

$$\lambda=\alpha r_w^2 \frac{K_m}{K_f}$$

式中：$\lambda$ 为窜流系数；$K_m$ 为基质岩块系统渗透率；$K_f$ 为裂缝系统渗透率；$\alpha$ 为基质岩块形状因子；$r_w$ 为井筒半径，cm。

$\lambda$ 值的大小直接影响着双重介质储层的开采效果。如果 $\lambda$ 值较大，基质中的流体可以及时转移到裂缝中，并通过油气井采出；如果 $K_m$ 值非常小，导致 $\lambda$ 值很小，以致基质中的流体需用极大的压差和很长的时间才能实现油气向裂缝的过渡，那么对于产能接替的贡献显著降低。

（郑黎明　于乐香）

【堵塞比 damage ratio】 反映井附近储层由于受到伤害而发生堵塞严重情况的参数，为理论上无堵塞的理想流量与测试获得的实际流量的比值，用符号 $DR$ 表示。其表达式为

$$DR = \frac{1}{FE} = \frac{p^* - p_{wf}}{p^* - p_{wf} - \Delta p_s}$$

式中：$DR$ 为堵塞比；$FE$ 为流动效率；$p^*$ 为推算地层压力，MPa；$p_{wf}$ 为井底流动压力，MPa；$\Delta p_s$ 为附加压降，MPa。

可以看到，堵塞比 $DR$ 是流动效率 $FE$ 的倒数。当 $DR=1$ 时井是完善的；当 $DR>1$ 时，井受到伤害；$DR<1$ 时，井得到改善。

（郑黎明 于乐香）

【伤害压降 pressure drop for damaged zone】 由于表皮伤害而形成的额外的生产压差（$\Delta p_s$）。又称附加压降。表达式如下：

$$\Delta p_s = \frac{1.842 \times 10^{-3} qB\mu}{KH} S$$

式中：$\Delta p_s$ 为污染压降，MPa；$q$ 为井产量，m³/d；$B$ 为地层原油体积系数；$\mu$ 为地层原油黏度，mPa·s；$S$ 为表皮系数；$K$ 为地层有效渗透率，mD；$H$ 为地层有效厚度，m。

附加压降 $\Delta p_s$ 是用来表明井的伤害程度的另一种常用形式，可以通过试井分析方法求得。当 $\Delta p_s>0$ 时，表明井受到伤害，当 $\Delta p_s<0$ 时，表明井得到了改善。

（郑黎明 于乐香）

【原始地层压力 initial reservoir pressure】 通过试油测试资料取得的未开采之前的地层流体压力。又称储层静态压力。在油气田勘探阶段，打开油气层后，在尚未开采油气时，使用压力记录仪在油气层中部测得的油气层稳定压力数值即为原始地层压力（压力记录仪未下到油、气层中部时，应将测点压力折算到油、气层中部压力），也常用 Horner 法外推计算原始地层压力。原始地层压力的高低反映地层驱动能量的大小，地层压力越高，地层驱动能量越足，高产稳产形势越好；反之，地层压力越低，地层驱动能量越小，高产稳产形势越差。地层压力保持水平，是注水开发油田关注的一个重要目标。储层静态压力是确定油气藏类型，制订油气藏开发方案的主要参数之一。

*原始地层压力的来源* 静水压头是形成地层压力的主要因素。当油层有供水区时，原始地层压力与供水区水压头和泄水区的高低有关；如果无供水区，则与油层含水部分所具有的压头有关。原始地层压力为上覆岩层或沉积物重量

所形成的压力。原始地层压力对地层压力的影响大小，将视储层是否封闭和封闭的程度而定。天然气的补给油气藏形成之后，沉积物或岩层中的有机物质会继续转变成烃类或非烃类气体，当油气藏处于被隔绝状态时这些天然气的聚集会提高地层压力。地壳运动所产生的构造应力，会使孔隙缩小压力升高；也可能因断层和裂缝的产生，为油、气的逸散构成通道，使已有压力下降。地温总的趋势是岩层埋藏深度越大，其温度就越高，温度升高，会使孔隙中的流体发生体积膨胀，也会增高地层压力。

*原始地层压力的分布*　在均质地层中，原始油、气层压力遵循连通器原理，其大小随埋藏深度而改变，即随深度增加而增大，相同流体，埋藏深度相等，原始油层压力也相等。以背斜油、气藏为例，其油、气层压力分布有以下规律：（1）同一油、气藏的原始油、气层压力受构造位置控制，即受油、气层埋深控制。构造顶部（埋藏深度小）原始油、气层压力小，构造翼部（埋藏深度大）原始油、气层压力大。（2）同一油、气层（无泄水区），若海拔高度相同，流体密度相同，各井的原始油、气层压力相等。若流体的相对密度不同，则各井的原始油、气层压力不同。流体相对密度越大，油、气层原始压力越大，相反则越小。

*原始地层压力确定方法*　包括实测法、试井法、压力梯度法、极限法、等量深度法等。

（1）实测法。利用探井、评价井（资料井）用压力计或地层测试器进行测量。压力计下入井底后，关井，待油、气层压力恢复稳定后，测得的油、气层中部的压力数值即为原始油、气层压力。这是油、气田最常用的确定原始油、气层压力的方法。

（2）试井法。根据不稳定试井资料绘制压力恢复曲线求得油、气层原始压力。

（3）压力梯度法。又称作图法或经验公式法。同一压力系统的油、气层是一个连通器，在同一海拔高度的平面上所承受的压力相同，油、气层海拔位置与油、气层压力呈正比关系。

（4）极限法。有些油、气因渗透率低，压力恢复时间很长，用压力计测量难以求得准确的原始油层压力数据，可用此法求得原始油层压力资料。当井关闭后，井底压力逐渐向原始地层压力恢复。当关井趋近于无限大时，则井底压力趋近于原始地层压力。

（5）等量深度法。这是美国墨西哥湾地区利用页（泥）岩体积密度值换算地层压力的一种方法。具体做法是：将页（泥）岩体积密度值对照相应的深度标在图上，可以确定正常的压力趋势线。利用等量深度法或特定地区的经验曲线，可以由页（泥）岩密度资料来计算地层压力。

**异常原始地层压力** 指地层孔隙流体的压力与静水压力不相等，或大或小。判断原始地层压力是否异常有两种方法——压力系数判断法和压力梯度判断法。造成异常地层压力的原因很多，情况比较复杂，常见的有成岩作用、构造作用、热力作用和生化作用、渗析作用和流体密度差异等。

**原始地层压力与上覆岩层压力关系** 在钻井打开目的层后，利用平衡钻进或控压钻进原理进行随钻测量得到原始地层压力。原始地层压力与平衡钻井的钻井液当量密度、地层深度有关，且等于上覆岩层压力与骨架有效应力的差值。

$$p_0 = \rho g H = \frac{\sigma_v - \sigma_c}{\alpha}$$

式中：$p_0$ 为某一位置处的原始地层压力；$\rho$ 为平衡钻井的钻井液当量密度；$g$ 为重力加速度；$H$ 为井深；$\sigma_v$ 为某一深度处的上覆岩层压力；$\sigma_c$ 为骨架有效应力；$\alpha$ 为 Biot 系数。

（李东平　徐建平　郑黎明）

【**储层流动压力 flow pressure of reservoir**】 油气井在试油求产或正常生产时，使用压力记录仪在油层中部测取的压力。简称流动压力。若压力记录仪未下到油气层中部，将测点压力折算到油气层中部压力。

流入井底的流体依靠流动压力举升到地面。流压的高低，直接反映出油井自喷能力的大小，流压高则油井的自喷能力强。流动压力与静止压力的差值，是计算油井产能的重要参数之一。

（李东平　徐建平）

【**地层压力系数 reservoir pressure coefficient**】 原始地层压力与同样井深静水柱压力的比值。一般的油气层，常常与边底水相连接，而且在大的区域地质范围内，这些水区还有可能存在地面露头，因此储层的压力系数常常接近 1。但有一些油气层，在成藏过程中趋于封闭，并受到构造运动形成的地应力的挤压，使得原始地层压力大于相同井深静水柱压力，即压力系数大于 1；也有某些油气层，由于某些原因使压力系数小于 1。地层压力系数反映地层的能量及流体的自喷能力，因此录取地层压力系数，对于分析储层状况、规划油气田未来的开发和油气井生产，都是非常重要的。

（蒲春生　于乐香　郑黎明）

【**储层压力恢复 build up reservoir pressure**】 试油层开井一段时间后，关井使井底压力向原始地层压力恢复上升，直到稳定的过程。在关井时测取井底压力随时间变化的关系曲线，反映油气层压力回升（恢复）状态。常采用 Horner 曲线和 MDH（Miller—Dyes—Htchinson）曲线进行压力恢复分析（见图 1 和图 2）。

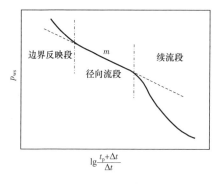

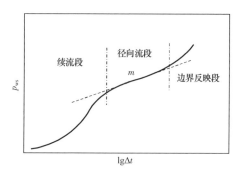

图 1  Horner 曲线 　　　　　　　　　　　　　图 2  MDH 曲线

在油气田勘探阶段，打开油气层后，以某一工作制度开井生产一段时间（记录准确产量数据），使用压力记录仪在油气层中部测取关井期间随时间变化的压力恢复数据，恢复的稳定压力数值是目前地层压力（压力记录仪未下到油气层中部将测点压力折算到油气层中部压力），也可采用 Horner 法外推计算目前地层压力。

储层物性具有弹性，当油气井工作制度改变时，油气层压力就会重新分布，逐渐地恢复到相对的平衡状态，压力恢复速度的快慢与油气层物性、流体性质有关。油气层物性越好，压力恢复速度越快，因此，可以应用压力恢复曲线求取地层压力、确定油气层参数、研究井的完善程度、判断边界性质及计算边界距离、确定油气藏类型等。

压力恢复分析是研究油气层、油气藏特性的重要手段。

（李东平　徐建平）

【测点压力折算 pressure conversion from measured point to bottomhole】 在测压深度未达到井底的情况下，把实测点压力折算到井底深度压力的方法。

在完井时下入压力计到内径存在缩径部位的生产管柱内测压，或者由于生产管柱受损，造成压力计无法下到油层中部深度，此时在未达到油层中部深度测点录取到的压力，不能直接反映油层部位的压力，为此采取折算的方法得到井底压力。折算公式为：

$$p_{井底}=p_{测点}+G_D（D_{井底}-D_{测点}）$$

式中：$p_{井底}$ 为油层中部井底压力，MPa；$p_{测点}$ 为测点压力，MPa；$G_D$ 为井筒内压力梯度，MPa/m；$D_{井底}$ 为油层中部深度，m；$D_{测点}$ 为测点深度，m。

这种折算要求准确测得测点与井底之间的压力梯度 $G_D$。有时也可近似地以测点附近的井筒压力梯度代用。

（蒲春生　于乐香　郑黎明）

【储层静压力梯度 reservoir static pressure gradient 】　单位深度原始地层压力，用每100m增加的压力值加以表示。

储层静压力梯度是储层在漫长地质年代运移成藏过程中形成的特征，与井筒内由流体性质决定的静压力梯度是完全不同的属性。它的录取方法是：

（1）用分层测试方法逐层打开储层，分别录取原始地层压力，然后做出分层静压力与储层深度关系曲线，用作图方法得到储层静压力梯度；

（2）采用重复地层测试器得到分层段的压力，用作图法取得储层静压力梯度值。

储层静压力梯度对于分析储层纵向上和横向上的连通关系，以及确定油气藏的压力系统，确定油、气、水层的纵向分布，都是非常重要的特性参数。

📝 推荐书目

庄惠农 . 气藏动态描述和试井［M］. 北京：石油工业出版社，2004.

（蒲春生　于乐香　郑黎明）

【储层温度 reservoir temperature 】　油气层中部的温度。储层温度随着埋藏深度的增加而升高，对油气的生成、运移、聚集和开采有较大影响。地温梯度在不同地区是不同的，除受地下热源影响之外，还受岩石导热率、地下水的循环、局部构造等多种因素的影响。随着温度的变化，石油的黏度、天然气的物理状态和性质都会随之变化。储层温度对油气藏开采工艺和设备有较大影响。

在不同开发阶段和作业过程中，测量得到的储层温度不同，储层温度包括原始地层温度、流温、静温度等。储层温度通常指原始地层温度。温度测量仪器未下到油气层中部时需将测点温度折算到油气层中部温度。

储层温度对于实际储层开发评价非常重要，岩石和流体物性参数是储层温度的函数，不同位置该函数有所差异，该规律对于稠油热采更为必要。在实验模拟过程中令实验温度等于储层温度，在渗流力学（数值）模拟分析中，需要设定储层温度参数，使得储层和近井带的岩石和流体性质随温度而变化。

（李东平　徐建平　蒲春生）

【地温梯度 reservoir temperature gradient 】　单位深度地层温度。用每100m增加的温度值加以表示。

一般来说，地温梯度值大约在 3℃/100m。越接近地核，温度越高；接近地表时温度降低，并受到大气温度的影响。地温梯度大小，常常与区域性的地壳结构及地层岩石导热性质有关。在中国新疆塔里木地区，地温梯度较小，只有 2.9℃/100m；而在中国东部的大港油田、冀东油田，地温梯度可以达到 3.6℃/100m，因而可以钻到温泉井。

地层温度及地温梯度的大小，对于油气井生产时的相变过程及采油工艺条件，具有重要影响，因此必须及时录取并加以分析。

（蒲春生 于乐香 郑黎明）

【**储层油气水界面** oil，natural gas and water interface 】 油气藏中纵向油、气、水的接触面。在油气藏中，油、气、水三者通常共处于同一圈闭中，其中油水接触面为油水界面，油气接触面为油气界面。在纯气藏中，气水接触面为气水界面。但油水接触面、油气接触面、气水接触面并非是一个整齐的、两相截然分开的水平面，而是常常存在一个油水、油气或气水过渡段（带）。其过渡段（带）的厚度大小主要受储层渗透性好坏、均匀程度，以及流体密度差异的影响。在油气田开发过程中，监测油水界面、油气界面、气水界面的变化，可进一步了解边水侵入及水侵速度、气顶气的膨胀或收缩状况，为高效开发油田提供技术资料。利用试油资料，结合岩心、测井等信息可求取油气水界面。储层中油气水的分布状况与储层的岩性、圈闭形状、类型以及流体的性质有关。

**油气水界面类型** 背斜油气藏流体在平面上的分布如图所示。对于非背斜圈闭油气藏中油气水的分布规律，须根据具体的圈闭类型而定。

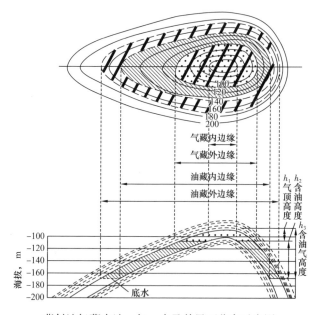

背斜油气藏中油、气、水及其界面分布示意图

油水界面油藏油相与边（底）水的接触面。在油气勘探和开发过程中，为了描述油水在油藏中的分布特征，常使用下述参数：（1）含油边界：外含油边界，即油水界面与油层顶面的交线；内含油边界，即油水界面与油层底面的交线。（2）含油面积：内（外）含油边界所圈闭的面积，即内（外）含油面积，通常所说的含油面积为外含油面积，对含气顶油藏来说即为含油气面积。（3）油藏高度：油水界面到油藏最高点的高程差，如果含有气顶，即为油水界面和油气界面之间的高程差。

油气界面油气藏油相与气顶的接触面。在油气勘探和开发过程中，为了描述油气在油气藏中的分布特征，常使用下述参数：（1）气顶边界：油气界面与油层顶面的交线。（2）含气面积：气顶边界所圈闭的面积，对于纯气藏，则为气水边界所圈闭的面积。（3）气藏高度：油气界面与油气藏最高点的高程差，若为纯气藏，即为气水界面与气藏最高点之间的高程差。

气水界面气藏与底水的接触面。这种接触面不是截然分开的界面，而是有一个过渡带，其含水饱和度从气顶的束缚水饱和度值逐渐增大至水顶的最大含水饱和度值1。因此，需要依据气藏的具体情况，在过渡带中选定一个合适的位置作为气水界面，这是原始气水界面。

确定储层油气水界面的主要方法：（1）利用试油、岩心、测井资料确定油水界面。分层试油资料是划分油水界面的重要依据，根据岩心资料和地球物理测井资料确定的油水界面都要用分层试油结果验证。（2）利用压力资料确定油水（或气水）界面的位置。利用MDT（多探头动力学测试器，mult–prode dynamics tester）或CHDT（套管井动力学测试器，cased hole dynamics tester）测试取得的地层压力资料和流体性质，建立压力剖面和流体剖面，根据压力梯度的变化确定油水界面、油气界面。确定储层油气水界面可以为储量计算，油气藏类型的确定，以及油田勘探、开发方案的制定等提供依据。

📝 推荐书目

王俊魁，万军，高树棠.油气藏工程方法研究与应用［M］.北京：石油工业出版社，1998.

金毓苏，巢华庆，赵世远等.采油地质工程［M］.北京：石油工业出版社，2003.

（郑黎明　徐建平　蒋　华）

【储层产能 production potential】　油气储层的生产能力，是储层评价的重要指标。

对于储油层，储层产能通常用米采油指数表示。米采油指数指单位油层厚度的采油指数。储层的产能除了与原油性质、供油半径等有关外，还与原油的有效渗透率密切相关。

对于储气层，储层产能通常用无阻流量表示。无阻流量指井底流压为一个大气压时的产量。无阻流量不能直接测量，一般通过产能试井计算求得。影响储气层产能的主要因素有*地层压力系数*、*原始地层压力*、生产压差以及*表皮系数*等。

储层产能的高低与储层地质特性、驱动类型和开采方式等密切相关。不同储层其年生产能力不同，同一油气田，不同驱动类型、不同开采方式及不同开发阶段其年生产能力也有很大变化。

（徐建平　蒋　华　郑黎明）

【储层测试半径 formation investigated radius】 *当井的产量（或注入量）瞬时改变后，在某一给定时间内压力扰动前缘所达到的距离。在试井中又称储层调查半径、研究半径、供给半径。其大小由压降测试时间、油藏岩石和流体的性质决定，并与测压仪表的分辨率有关，与产量或注入量的大小无关。*

储层测试半径是不稳定试井中的一个重要参数，通过储层测试半径可以计算出探测到的含油面积和储量。一口井开井生产，随生产时间延长，井周围的压降漏斗逐渐扩大和加深。存在一个距离 $r_i$，在离井比它近的地方，压力已经因为该井的生产而有所下降；而比它远的地方，该井生产造成的压降非常小且可忽略不计，表现为保持其原始压力 $p_i$。通常就说该井生产的影响波及了 $r_i$ 远（见图）。

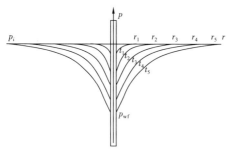

压降漏斗和储层测试半径示意图

📝 推荐书目

刘能强.实用现代试井解释方法［M］.北京：石油工业出版社，2003.

（徐建平　蒋　华　郑黎明）

【流体取样 fluid sampling】 在一定条件下获取具有代表性的油、气、水样品，进行流体物性分析的工艺过程。常用的取样方式有：（1）在井口或在分离器处用取样筒获取油样、水样；（2）在井口或在分离器处用耐压钢瓶或取样玻璃瓶获取天然气样；（3）用高压取样器在井底获取地层状态下的油、气高压物性样品。

原油在地层中常常处于原始的饱和状态，也就是说，天然气在高压条件下溶解于原油内，呈现出液体形式。但是当原油从地层中流入井筒并降低压力之后，天然气开始从原油中脱离出来，呈现油气混合状态，并在重力作用下渐渐分离。

在井口用取样筒取得的油样是脱气原油样品，可以通过化验分析了解脱气原油的组成、黏度、密度等物性参数；从井口获取的气样，通过化验分析，可以取得天然气的组分、相对密度等物性参数；但是要想了解原油、天然气在地层条件下的组成情况及物性，必须通过井底取样，并把取得的样品带回专门的高压物性实验室，在实验室中还原为地层条件进行分析化验。

在地层条件下取样必须用专门的井下取样器。这种取样器的主体是一个耐高压的不锈钢筒，在井下灌满流体样品后，用控制机构关闭两端的单向阀，携带样品提出井口，送到化验室进行分析。

（蒲春生　于乐香　郑黎明）

【油气藏类型 reservoir type】 针对油气藏类型的划分方案具有多种。包括：（1）利用流体性质、气油比等资料，初步进行油气藏分类，如油藏、气藏和凝析油气藏等；（2）利用系统试井和不稳定试井成果，确定油气藏的边界性质、距离，判断油气藏底水、边水、气顶情况和驱动类型；（3）确定油气藏储层类型和渗流特性，常见的有均质、双孔隙、双渗透、复合介质等储层类型。

油气藏的类型多种多样，它们在成因、形态、规模与大小及储层条件、遮挡条件、烃类相态等方面存在很大差别。油气藏的分类要遵循两条最基本的原则：科学性，能充分反映圈闭成因、油气藏形成条件、各类之间的区别与联系；实用性，能有效地指导勘探工作，比较简便实用。

油气藏类型可细分为五大类：构造油气藏、地层油气藏、岩性油气藏、水动力封闭油气藏、复合油气藏。由于地壳发生变形和变位而形成构造圈闭，油气在其中聚集形成构造油气藏，可进一步分为背斜、断层、裂缝及岩体刺穿构造油气藏。沉积层由于纵向沉积连续性中断而形成地层不整合相关的圈闭，油气在其中聚集形成地层油气藏，可进一步分为地层不整合遮挡油气藏、地层超覆油气藏和生物礁块油气藏。储层岩性变化形成岩性圈闭，油气在其中聚集形成岩性油气藏，可进一步分为上倾尖灭油气藏和透镜体油气藏。由水动力或与非渗透性岩层联合封闭，使静水条件下不能形成圈闭的地方形成聚油气圈闭，油气在其中聚集形成水动力学油气藏，可进一步分为构造鼻或阶地型水动力油气藏、单斜型水动力油气藏。当多种因素共同对圈闭形成起到大体相同或相似的作用时，油气在其中聚集形成复合油气藏，可进一步分为构造—地层复合油气藏、构造—岩性复合油藏、岩性—水力学复合油气藏等。

按二次运移聚集条件，可分为原生油气藏和次生油气藏；按经济条件分为工业油气藏和非工业油气藏。各大类均可进一步划分为若干亚类。

从已开发的油气藏类型来看，有裂缝性碳酸盐岩油气藏，中高渗透多层砂岩油气藏，低渗透砂岩油气藏，复杂断块油气藏，火成岩油气藏，变质岩油气藏，砾岩油藏，稠油、轻质油、凝析油气藏和酸性气藏等。

（徐建平　蒋　华　于乐香　郑黎明）

【油气藏边界 reservoir boundary】　通过试油取得的不稳定试井资料、流体产量、高压物性数据等，运用地层测试资料处理解释方法，结合相关资料可判断和计算油气藏边界距离。在边界以内钻的探井应具有工业油流，即岩性边界是油层有效厚度与非有效厚度的岩性边界。岩性边界主要发育在河流沉积的构造岩性油藏、透镜体砂岩岩性油藏和砂岩上倾尖灭的单斜油藏中，要确定其岩性边界，首先要研究储集层所处的沉积相带和砂体的分布形态，然后确定岩性尖灭线。油藏边界属于地质边界，其主要包括构造油藏的油水界面，断块油藏的断层边界，岩性—地层油藏的岩性边界、地层边界和不渗透遮挡边界等。

　　油气藏边界包括不渗透边界和流体边界。不渗透边界起阻止流体流动的作用，包括不渗透断层、岩性尖灭、储层内侵蚀沟等，常见的不渗透边界形状有线性不渗透边界、两条平行不渗透边界、角形边界、矩形边界、圆形边界等。流体边界包括油水边界、气水边界等。

　　不同的边界类型、形状，在压力导数曲线上有不同的特征。一条不渗透边界情况下，压力导数曲线由 0.5 水平线向上偏移，上升到 1.0 线，边界距离越近，上翘时间越早，反之，上翘时间越晚（见图 1）；两条互相垂直边界，压力导数将由 0.5 线上升到 2.0 线，若断层更多，形状更复杂，则压力导数曲线向上抬升也将呈现更复杂的形状。测试井附近若有定压边界（如非常活跃的边水），则压力导数曲线偏离 0.5 水平线将下掉。

　　图 2 出现了两个直线段，第二个直线段斜率为第一个直线段斜率的 2 倍，通过求取两条直线相交时间，可求取断层距离。

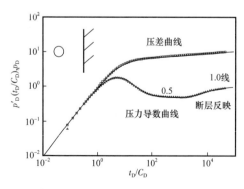

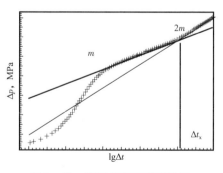

图 1　单一断层情况下压力及压力导数双对数图　　　图 2　单一断层情况下半对数图

确定油气藏边界类型及距离，结合相关资料，可计算含油气面积和油气藏储量。

（徐建平　蒋　华　郑黎明　于乐香）

【储层边界距离 reservoir boundary distance】　某井从井壁到其周围渗流边界处的平均距离，即渗流空间区域的平均半径，用符号 $L_h$ 表示。是完井、试油测试中需要取得的重要资料之一，可为渗流力学分析提供物理模型形状和数学定解条件。储层边界距离可利用现代试井分析（探边试井分析）方法得到，测算得到井附近地层的边界距离 $L_h$ 及特性。在压力恢复曲线导数图上，地层平面上的边界对应导数曲线上翘或下倾的反映，可以判断边界是否存在，以及边界的性质和形态，并可用来计算出可能存在边界的距离。

（蒲春生　郑黎明　于乐香）

【单井控制储量 controlled potential of reservoir with single well】　单井控制流体流动范围内的地质储量。根据油气藏的类型，单井控制储量可分为单井控制石油地质储量和单井控制天然气地质储量。

*单井控制石油地质储量*　单井控制面积（供油面积）内的石油地质储量。可以采用按井网划分单井控制面积的方法来确定单井控制石油地质储量。先划分单井小层控制面积，确定单井控制的各小层储量，再将单井控制的各小层储量相加求得单井控制石油地质储量。也可以用"石油地质储量／生产井井数"的简单方法求得单井控制石油地质储量（平均值）。

单井控制面积（供油面积）内，在现有经济技术条件下可以采出的那一部分单井控制石油地质储量为单井控制石油可采储量。可以用单井控制石油地质储量乘以采收率进行计算。也可以用"石油可采储量／生产井井数"的简单方法求得单井控制石油可采储量（平均值）。

单井控制面积（供油面积）内尚未采出的石油可采储量为单井控制剩余石油可采储量。单井控制剩余石油可采储量是单井控制石油可采储量与该井累积产油量之差。单井控制剩余石油可采储量可用来分析判断油井的稳产形势。单井控制剩余石油可采储量与该井年产量之比，比值越高，该井稳产形势越好；比值越低，该井稳产形势越差。单井控制剩余石油可采储量是随时间变化的量，它直接影响到单井今后产量指标的制定和完成。

*单井控制天然气地质储量*　单井控制面积（供油面积）内的天然气地质储量。可以采用按井网划分单井控制面积的方法来确定单井控制天然气地质储量。先划分单井小层控制面积，确定单井控制的各小层储量，再将单井控制的各小层储量相加求得单井控制天然气地质储量。也可以用"天然气地质储量／生产井

井数"的简单方法求得单井控制天然气地质储量（平均值）。

现有经济技术条件下可以采出的那一部分单井控制天然气地质储量为单井控制天然气可采储量。可以用单井控制天然气地质储量乘以采收率进行计算。也可以用"天然气可采储量/生产井井数"的简单方法求得单井控制天然气可采储量（平均值）。

单井控制面积（供油面积）内尚未采出的天然气可采储量为单井控制剩余天然气可采储量。单井控制剩余石油可采储量是单井控制天然气可采储量与该井累积产气量之差。单井控制剩余天然气可采储量可用来分析判断油井的稳产形势。单井控制剩余天然气可采储量与该井年产量之比，比值越高，该井稳产形势越好；比值越低，该井稳产形势越差。单井控制剩余天然气可采储量是随时间变化的量，它直接影响到单井今后产量指标的制定和完成。

单井控制储量计算方法　在求取单井控制地质储量过程中，单井控制面积或泄油面积是变化的，它与油藏的非均质性、井排距、本井及邻井的产量大小等因素有关。因此，很难人工地、固定不变地把它划分出来。但为了开发动态分析评价的方便，把它看作是不变的。

根据试油取得的成果数据，采用地层测试资料处理解释方法进行计算。计算方法主要包括：

（1）压降斜率计算法。在压降测试中，流动状态达到拟稳态后，井底压力与生产时间在直角坐标图上呈现一条直线，利用这条直线的斜率来计算储量。对于有限封闭系统，用压降斜率法可以比较准确地求出其储量；对于很难确定其含油面积、有效厚度和孔隙度的特殊油藏，用探边测试资料可以进行储量计算，此法只适用于衰竭式开采的油藏。

（2）压力曲线拟合法。适合于压力恢复测试。压力曲线拟合包括半对数曲线拟合、双对数曲线拟合和压力历史曲线拟合。通过与封闭油藏模型拟合可以确定油藏的范围，然后用容积法公式计算储量。

（3）探测半径计算法。在测试时间内未测到任何边界，压力数据仍处在无限大油藏径向流的过程中，可以使用探测半径估算已经探测到的范围内的储量大小。仍使用容积法公式计算储量。

（4）综合法。测试过程中只测到了部分边界，许多情况下需要将测试分析结果与构造图等地质资料结合起来确定含油气面积，再用容积法计算储量。多数井测试资料采用这种方法计算储量，特别是测到油水边界的情况下需要进行综合分析。

（徐建平　蒋　华　蒲春生　郑黎明）

# 试油（气）设备

....

【试油设备 oil production test equipment and instru-ment】 完成试油全过程所需装备的总称。主要包括：井控设备、试油井架、通井机、修井机、试油用水泥车、防喷器、井控管汇、地层测试设备、两相分离器、油气水三相分离计量系统、计量罐、储液罐、地面直读测试装置和校深射孔一体化装置等。

　　试油设备及仪器仪表的配合用于完成的作业包括：（1）起下作业。如钻杆、油管及井下工具的起下。（2）液体泵注循环作业。如压裂、酸化、防砂、冲砂、洗井、注水泥塞等。（3）旋转作业。如钻水泥塞、钻桥塞等。（4）测试作业。如测压、求产、数据采集分析等。

（郭继岩　王树龙）

【通井设备 drifting apparatus】 实现试油作业中通井功能的设备的总称。通井设备主要包括通井机、通井规、刮削器及连接管柱等。

（蒲春生　郑黎明　于乐香）

【通井机 tractor hoist】 油、气、水井的完井试油及小修作业时的起升设备。与井下作业井架配套可进行起下钻杆、油管、抽油杆、抽汲、打捞、检泵及清理井底等作业。主要由行走部分、动力系统、传动系统、提升系统、液气电控制系统组成。按行走形式可分为履带式、轮式和车载式通井机三大类型（见图）。

(a) 履带式通井机　　　　(b) 轮式通井机　　　　(c) 车载式通井机

通井机

履带式通井机　依靠动力驱动履带移动使整机行走，行驶速度慢，履带还有可能破坏路面。长距离行驶需平板拖车运输到目的地，移运性较差，效率较低，作业成本高。适用于沼泽、泥潭等道路较差的油田及近距离多井位的油区作业。

轮式通井机　具有移运性较强、效率较高的特点。满足油田作业的一般移运要求，但行驶速度较慢。

车载式通井机　性能与轮式通井机相同，但其移运性更好。

（高文金）

【通井规 gauge cutter】　检测套管、油管、钻杆等内通径尺寸的专用工具。又称通径规。它可以检查各种管材的内通径是否符合标准，是否适合于井下作业。套管通径规由接头和本体两部分组成，上、下两端均加工有连接螺纹，上端与钻具相连接，下端备用，如图所示。

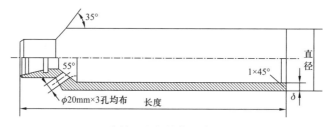

套管通径规结构示意图

通井规的外径一般应小于套管内径 6~8mm，大端长度应大于 0.5m，若有特殊要求，如试油期间需下入井内直径较大和长度较长的工具，则应选用与下井工具相适应的通井规。除了根据常用套管外径、壁厚给出了常用通井规规范，在实际施工中应根据实际套管内径选择通井规。其他工具也可作为通井工具，如长铅印、套铣筒等柱状体，只要满足长度和直径的要求就可代作通井规。需要注意的是通井规的长度指的是有效长度，即用于通井的大端长度。

（蒲春生　郑黎明　于乐香）

【刮削器 pipe scraper】　用于清除残留在套管内壁上水泥块、水泥环、硬蜡、各种盐类结晶和沉积物及射孔毛刺等套管内壁上脏物的工具。套管刮管是下入带有套管刮削器的管柱刮削套管内壁，清除残留在套管内壁上的水泥块、水泥环、硬蜡、各种盐类结晶和沉积物、射孔毛刺以及套管锈蚀后所产生的氧化铁等杂物的作业。为后续入井工具提供良好的井筒作业条件。可分为胶筒式（代号为 J）、弹簧式（代号为 T）和防脱式套管刮削器。

胶筒式套管刮削器（见图 1）由上接头、冲管、胶筒、刀片、壳体、下接头等件组成；弹簧式刮削器（见图 2）主要由壳体、刀板、刀板座、固定块、螺旋弹簧、内六角螺钉等组成；防脱式套管刮削器（见图3）主要由主体、弹簧、左右刀片，挡环、螺钉等组成。

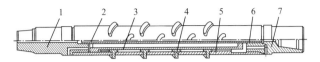

图1 胶筒式套管刮削器结构示意图

1—上接头；2—冲管；3—胶筒；4—刀片；5—壳体；6—"O"形密封圈；7—下接头

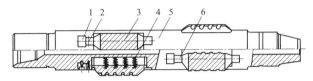

图2 弹簧式套管刮削器结构示意图

1—周定块；2—内六角螺钉；3—刀板；4—弹簧；5—壳体；6—刀板座

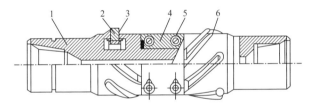

图3 防脱式套管刮削器结构示意图

1—主体；2—左刀片；3—弹簧；4—挡环；5—螺钉；6—右刀片

（蒲春生 郑黎明 于乐香）

【动力提升设备 power lifting equipment】 完成起升各种工具及悬吊各种设备的动力设备。试油的常用动力设备主要是作业机。根据作业机行走的驱动方式不同，可分为履带式和轮胎式两种，不自带井架的履带式作业机称为通井机，自带井架的轮胎式作业机称为修井机。

主要功能：（1）起下钻具、油管、抽油杆、井下工具或悬吊设备；（2）吊升其他重物；（3）传动转盘；（4）完成抽汲排液、落物打捞、解卡等任务。

（蒲春生 郑黎明 于乐香）

【修井机 service machine】 自带井架的轮胎式作业机。主要完成各种修井和钻井勘探任务，如油井完钻后的试油求产、分层试油以及处理生产井中的检泵修井等起下及旋转作业。一般修井机由动力部分、传动部分、绞车部分（包括井架、天车、游动系统等）、液压系统、气路控制系统、电路控制系统、自走底盘、辅助部分等组成。修井机通过绞车系统提升和下放钻具，通过转盘旋转系统完成钻具及旋转作业。

动力部分一般采用高速柴油机，在动力的配置上又分为单发动机和双发动机。传动部分一般采用发动机和液力机械变速箱直接连接；捞砂滚筒、主滚筒、转盘一般采用气动轴向气囊推盘离合器控制，也可采用气动胎式离合器控制。绞车分为单滚筒和双滚筒；井架一般采用高强度角焊钢，中空桁架结构，大吨位修井机的井架也可用高强度矩形管焊制，小吨位修井机采用一节井架，两节井架中的第二节一般采用液压油缸顶出。修井机由两套独立的液压系统，即主液压系统和液压转向助力系统，前者用于调平车辆、井架的立放、辅助作业，后者用于车辆行驶使减轻驾驶员转动方向盘的力量。

分类　按驱动方式，分为机械驱动、电驱动、液压驱动、复合驱动；按传动方式，分为链条传动、皮带传动、齿轮传动、液力传动等；按移动方式，可分为橇装式、自行式、车载式、拖挂式；按适用地域，可分为常规型、沙漠型、滩涂型、海洋型、极地型；按结构形式，可分为常规式、斜井式、连续油管式、不压井式。

特点　修井机作为试油作业的主要设备，它采用自走式底盘、中空桁架伸缩式井架，具有能自由行走、转移方便等特有的优点。车载柴油机作为输出动力，可单发动机作业或双发动机作业，适用于1000m以下的修井作业或3000m以内的中浅井钻井作业。

常用的修井机型号有 XJ120 型、XJ250 型、XJ350、XJ450 型、XJ550 型等。XJ350 修井机外形如图 1 所示，XJ350 型修井机结构如图 2 所示。

图 1　XJ350 型修井机外形

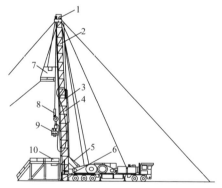

图 2　XJ350 型修井机结构示意图

1—天车；2—井架上体；3—伸缩液缸；4—井架下体；5—起升液缸；6—底座腿；7—二层台；8—游车大钩；9—水龙头；10—工作平台

修井机是比较复杂的设备，其保养维护十分重要，按设备结构，其保养工作应重点关注动力部分（主要是发动机、相关电路）、传动部分（绞车部分）、液路部分、气路部分的保养。

📝 **推荐书目**

杨志，张杰.井下作业设备与工艺［M］.北京：石油工业出版社，2016.

（郑黎明　于乐香　吴飞鹏）

【**车装钻机 truck mounted rig**】 将钻机动力装置、传动装置和起升系统等装在车台上可自行行走的钻机。又称自走式钻机。

按装载方式可分为自行式和拖挂式两种。自行式车装钻机的全部设备安装在汽车或拖拉机底盘处，施工时用车辆本身的动力带动钻机、水泵（或压气机）工作（见图）；拖挂式车装钻机是将包括动力机在内的全部钻探设备安装在各种形式的拖车（如轮胎拖车、滑橇拖车等）上。

车装钻机

施工时用拖车上装载的动力机工作，行走时用汽车或拖拉机拖动。两种钻机均可将井架倒放在车辆或拖车的支架上进行整体迁移，从而缩短了安装、拆迁的时间。

车装钻机一般只适用于平原和低缓丘陵地区，但随装载设备的改进，例如采用特宽轮胎卡车等，其适用范围可逐步扩大到沙漠、丛林、沼泽和水网地区。

车装钻机可钻进的深度，已由浅孔（10～150m）扩大到中深孔（500～800m）甚至深孔（900m以上）。

（郑黎明　于乐香）

【**试油井架 oil production test derrick**】 试油过程中支撑吊升起重系统的构件。顶部安装天车，与大绳、游动滑车组成吊升起重系统，用来完成起下油管、钻杆和抽油杆作业。由专用的井架立、放、运设备运输和安装，与通井机配合完成起下作业。按井架的可移动性可分为固定式井架和可移式开架。按结构特点可分为梳杆式（即单腿式）、两腿式、三腿式和四腿式等4种。按井架高度划分，固定式井架又可分为18m、24m和29m3种。常用试油井架为BJ-18A、BJ800-20、BJ-29。

在井下作业中常用的有固定式两腿BJ-18井架和BJ-29井架以及各类修井机自带井架。BJ1-18，BJ2-18井架高度为18m，大钩工作负荷分别为20t，

30t，50t。适用 $\phi$51mm 油管、井深为 2000～3000m，以及 $\phi$62mm 油管、井深为 1500～2200m。

试油井架安装基础必须平整坚实，当井深超过 3500m 时应打混凝土固定基础，BJ–18A 型井架应在前立梁上加固两道绷绳，BJ–29 井架应在后绷绳加固两道，各道绷绳必须为 15.5mm 以上的钢丝绳，钢丝绳无扭曲。井深在 3500m 以内可以使用活动基础。

（郭继岩　王树龙　郑黎明　于乐香）

【试油工具 oil production test tool】　试油过程中所使用的专用工具。分下井工具、地面工具、井口控制工具和计量工具。

下井工具包括不同型号的通井规、刮削器、变扣接头、安全接头、封隔器、球座、短节、单流阀、井下测试工具、压力记录仪、温度记录仪和井下流量计等；地面工具包括液压钳、管钳、扳手、榔头、活接头、快速接头、快速管线和密封垫圈等；井口控制工具包括顶丝、闸阀、保温套、油嘴、防喷管和防喷盒等；计量工具包括钢卷尺、钢板尺、U 形管、测气挡板、测气短节、温度记录仪、密度计、黏度计、压力表、秒表、天平、砝码和化验工具等。

（张绍礼　李东平）

【试油器材 oil production test material】　试油过程中常用的器具和消耗材料。分下井器材和地面器材两大类。

下井器材主要包括油管、钻杆、钢丝、电缆和抽汲绳等；地面器材主要包括井口操作台（钻台）、滑道、地面管线、水龙带、地锚、压力表、温度记录仪、消防器材、各种油料及必要的交通通信器材等。

（张绍礼　李东平）

【井口装置 well head assembly】　在井口悬挂油管、套管，并密封油管与套管及各层套管环形空间的装置。一般由套管头、油管头、防喷器组成，亦包括采油树、采气树。其作用为控制气、液流体压力和方向。

常规井口装置及采油树设备在钻井和油气生产过程中，主要用于监控生产井口的压力和调节油（气）水井的流量，控制有挥发性和有毒的液体和气体被释放到地面和水中，同时也可以用于酸化、压裂、注水、测试等各种措施作业。

（郑黎明　于乐香）

【试油管材 pipe for oil production test】　试油过程中所采用的各种管柱的总称。包括钻杆、加重钻杆、钻铤、方钻杆、油管、套管、筛管等。

根据不同试油作业阶段，试油所用管材不同。对于中途试油，试油所用管材采用钻杆、加重钻杆、钻铤、方钻杆组成的钻柱以及隔离用的套管等；对于完井或完井后试油、试采过程中，试油所用管材涉及油管或筛管以及隔离用的套管等。

（蒲春生　郑黎明　于乐香　吴飞鹏）

【钻杆 drill pipe】 用于连接钻机与位于钻井底端钻磨设备的带缧纹钢管。其用途是将钻井液运送到钻头，并与钻头一起提高、降低或旋转底孔装置。钻杆能够承受巨大的内外压、扭曲、弯曲和振动。试油作业中，钻杆是组成试油管柱的基本部分，主要作用是连接工具、传递扭矩以及提供从井口到井底的流体通道。

钻杆分为管体和接头两部分，两部分采用对焊方法连接在一起（见图）。为了增加管体与接头连接处的强度，管体两端对焊部分是加厚的，加厚形式有内加厚（IU）、外加厚（EU）及内外加厚（IEU）3种。

钻杆分为方钻杆、钻杆和加重钻杆三类。连接次序为方钻杆（1根）+钻杆（若干根，由井深决定）+加重钻杆。此处钻杆特指钻柱中长度占绝对多数的钻杆，并靠钻杆的逐渐加长使井眼不断加深。钻杆按长度（L）分为三类：第一类5.486～6.706m（18～22ft）；第二类（常用）8.230～9.144m（27～30ft）；第三类11.582～13.716m（38～45ft）。钻杆也可按外径尺寸分类，常用钻杆的尺寸包括88.9mm、114.3mm、127mm，如图所示。

钻杆

钻杆的钢级指的是钻杆管体的钢级，它是按最低屈服强变要求划分的，API规定钻杆的钢级有E75，X95；G105，S135，V140及V150等6种。其中G105，S135，V140和V150级别为高强度钻杆。

钻杆接头是钻杆的组成部分，分外螺纹接头和内螺纹接头，连接在钻杆管体的两端。我国石油站并用钻杆的接头和替体是通过摩擦对焊装配在一起的，即为对焊型钻杆接头。各种规格钻杆接头的机械性能要求是相同的。钻杆接头螺纹为带有密封台肩的锥管螺纹，又称为旋转台肩式连接螺纹，台肩面是其唯一的密封部位，螺纹只起连接作用，而不具备密封性能。螺纹类型按其牙型的不同，分为数字型（NC）、正规型（REG）、贯眼型（FH）和内平型（IF）4种。

（蒲春生　郑黎明　于乐香）

【加重钻杆 heavy wall drill pipe】 壁厚比普通钻杆增加了2～3倍的钻杆。加重钻杆的壁厚介于钻杆和钻铤之间，其结构形式类似于钻杆，接头比普通钻杆接头长，钻杆中间有一个或两个加厚段扶正，其结构如图所示。

加重钻杆

加重钻杆主要用途为：（1）用于钻铤与钻杆的过渡区，缓和两者弯曲刚度的变化，以减少钻杆的损坏；（2）在小井眼钻井中代替钻铤，操作方便；（3）在定向井中代替大部分钻铤，以减少扭矩和黏附卡钻等的发生，从而降低成本。

（郑黎明 于乐香）

【钻铤 drill collar】 主要用来给钻头提供钻压，使钻杆处于受拉状态，并以其较大的刚度扶正钻头，保持井眼轨迹的钻具。在试油过程中，测试管柱中加入钻铤主要起帮助地层测试器（MFE）开关井以及给封隔器坐封提供作用。钻铤的结构如图1所示，由厚壁合金钢制成，壁厚一般为38～52mm，相当于钻杆壁厚的4～6倍，因而其单位质量大、刚性大。钻铤按其外径共23种。最常用的钻铤有$\phi$88.9mm、$\phi$120.7mm、$\phi$158.8mm、$\phi$203.2mm和$\phi$228.6mm等几种。钻铤设计长度时需考虑中性点落在钻铤上。

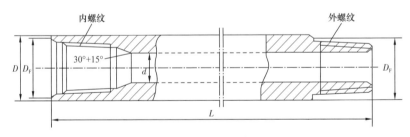

图1 钻铤结构示意图

钻铤可根据外形与材料分为3种形式，如图2所示。

（1）A型（圆柱式），用普通合金钢制成，管体模截面内外皆为圆形的钻铤，代号为T。

（2）B型（螺旋式），用普通合金钢制成，管体外表面具有螺旋槽的钻铤。根据螺旋槽的不同又分为两种形式，即Ⅰ型和Ⅱ型，代号分别为LTⅠ，LTⅡ。螺旋钻铤的作用是可以减少黏附卡钻的发生，它在圆钻铤外圆柱面上加工出3条右旋螺纹槽，在外螺纹端接头部分和内螺纹端接失部分分别留有305～560mm和475～610mm的不切槽的圆钻铤段，其质量比同尺寸的圆钻铤减少4%。

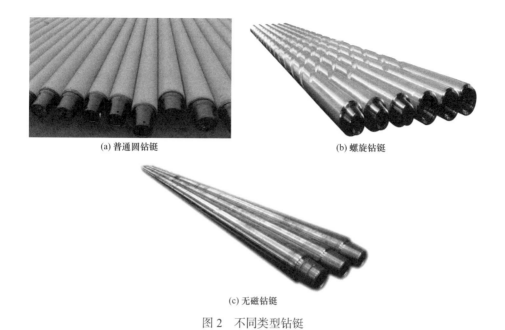

(a) 普通圆钻铤　　　　　　　　　　　(b) 螺旋钻铤

(c) 无磁钻铤

图2　不同类型钻铤

（3）C 型（无磁式），用磁导率很低的不锈钢制成，管体横截面内外皆为圆形的钻铤，代号为 WT，还有特殊的方钻铤、无磁螺旋钻铤等。

（郑黎明　于乐香）

【方钻杆 kelly】 用高级合金钢制成、截面为四方形或六方形而内孔为圆形的钻井专用厚壁管子。其上部与水龙头相连，下部与钻杆相连，主要功能是将转盘的旋转变成整个钻柱和钻头的旋转，即传递扭矩，承担钻柱的全部重量，作为钻井液循环的通道。方钻杆由驱动部分、上部接头和下部接头等组成。上部接头是左旋螺纹，下部接头是右旋螺纹，驱动部分截面常见的为中空的四边形与六边形，水眼为圆形，由于壁厚大，并用高强度的合金钢制造，故具有较高抗拉强度与抗扭强度。

一般大型钻机使用四方方钻杆，小型钻机使用六方方钻杆，实物如图1所示。结构示意图如图2和图3所示。

图1　四方方钻杆和六方方钻杆

方钻杆规范是根据方钻杆驱动部分对边宽度尺寸来划分的，共有 $2\frac{1}{2}$in、3in、$3\frac{1}{2}$in、$4\frac{1}{4}$in 和 $5\frac{1}{4}$in 五种。常用的方钻杆是 $5\frac{1}{4}$in 的四方方钻杆。

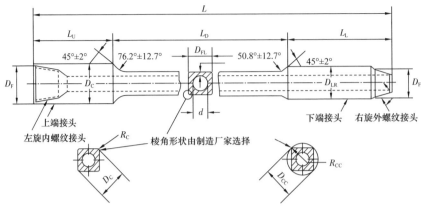

图 2 四方方钻杆结构示意图

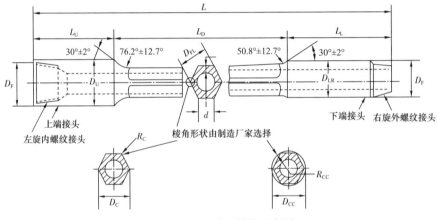

图 3 六方方钻杆结构示意图

（郑黎明　于乐香）

【油管 oil tube】 将油气自地下产层采至地面处理设备的钢管。油管必须有足够的强度以承受因试油、生产和修井作业所产生的负荷及变形。

按油管螺纹基本连接类型可分为两大类，即 API 标准螺纹油管和非 API 标准螺纹油管。我国是以 API 油管性能规范作为设计和选用油管的依据。按 API 螺纹标准，分为平式油管和加厚油管，结构如图 1 和图 2 所示。

（1）API 标准油管。连接螺纹为三角螺纹，应用范围最广，成本最低，绝大多数的井完井、生产采用这种油管。但这种油管螺纹对高压井、深井、超深井、热采井、大斜度定向井、水平井及高腐蚀井，特别是高压气井、热采井，不能满足连接强度、磨损抗力和气密性等方面的要求。

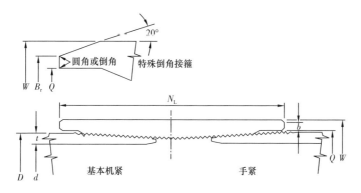

图 1    平式油管和接箍结构示意图

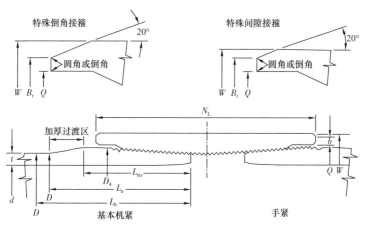

图 2    外加厚油管和接箍结构示意图

（2）非 API 标准螺纹油管。因生产厂家不同而各不相同。由于梯形螺纹具有较高的连接强度，因此绝大多数的非 API 标准螺纹油管采用这种形式。只是在螺纹形状、各种参数、密封结构相互有所不同，主要表现在密封形式（多级密封）、扭矩台肩（控制上扣扭矩）、螺纹形状（提高螺纹的抗复合载荷的能力）。非 API 标准螺纹油管通过对螺纹的各种参数和密封结构的变化，使油管的性能有很大的提高。近年来，我国在特殊井的完井过程中使用非 API 标准螺纹的油管（如 VAM，TM 油管等），也起到了良好的使用效果。

按制造工艺，油管可分为无缝管（S）和电焊管（EW）。无缝管是用热加工钢制造的一种无焊缝的锻轧钢管，经压轧延伸、热处理等工序达到标准尺寸油管，形成无缝油管系列。电焊管是用电阻焊或电感应方法，无填充金属焊接而成的具有一条纵焊缝的管子。

（蒲春生    郑黎明    于乐香    吴飞鹏）

【套管 casing tube】 用于封隔地层和支撑油、气井井壁的钢管。主要作用是保证钻井过程顺利进行和完井后整个油井的正常运行。每一口井根据不同的钻井深度和地质情况，要使用若干层套管。套管下井后要采用水泥固井，它与油管、钻杆不同，不可以重复使用，属于一次性消耗材料。套管的消耗量占全部油井管的70%以上。

套管按使用情况可分为导管、表层套管、技术套管和油层套管。按制造工艺套管可分为无缝套管和直焊缝套（ERW）管。

中国是以API套管性能规范作为设计和选用套管的依据。常用标准套管外径从114.3mm到508mm共有14种，114.3mm、127.0mm、139.7mm、168.27mm、177.8mm、193.67mm、219.07mm、224.47mm、273.05mm、298.44mm、339.71mm、406.4mm、473.08mm、508.0mm。石油套管的钢级：H40，J55，K55，N80，L80，C90，T95，P110，Q125，V150等。井况、井深不同，采用的钢级也不同。在腐蚀环境下还要求套管本身具有抗腐蚀性能。在地质条件复杂的地方还要求套管具有抗挤毁性能。

连接螺纹主要是圆螺纹，API标准套管的连接螺纹有短圆螺纹、长圆螺纹、梯形螺纹、直连型螺纹。

套管柱通常是由同一外径、相同或不同钢级及不同壁厚的套管用接箍连接组成，应符合强度及生产的要求。要符合安全准则、经济原则、完井时所采用的技术要求和油井投入生产后的抗腐蚀等措施要求。套管柱设计过程中需要进行套管柱载荷计算，包括轴向力、外挤力、内压力等，通过进行抗压、抗拉、抗挤强度分析，得出适用的套管柱尺寸组合。

（郑黎明　于乐香）

【筛管 screened pipe】 在管子上专门加工出筛孔用于先期完井或油水井防砂的专用管子。需要根据油井的地质环境（岩性不同）采用不同钢级和种类的筛管，常用筛管有割缝筛管、钻孔筛管、绕丝筛管、桥式筛管和复合筛管。结构示意图见图1。

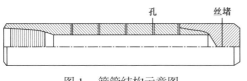

图1　筛管结构示意图

根据用途筛管分为生产筛管和信号筛管。根据制作工艺不同，又可分为割缝筛管、桥式筛管、钻孔筛管、绕丝筛管等类型（见图2）。

（1）生产筛管。生产筛管下在油层部位，覆盖整个油层，用于阻挡充填砾石，使油流通过充填层和筛管缝隙进入油管至地面。防砂管柱中应使用扶正器，以保证管柱在井筒内尽量居中，使筛管周围均匀地布满充填砾石，形成可靠的挡砂屏障，一般要求管柱的居中度不低于67%，这就需要在管柱上加装足够数量的扶正器。对于垂直井，扶正器的间距为5～8m，对于井斜大于45°以上的定向井，间距应小于3m，倾角越大，扶正器间距越短。生产筛管的总长度应根据油层厚度而设计，一般情况下，筛管总长度应超出油层底界和顶界各1～2m。

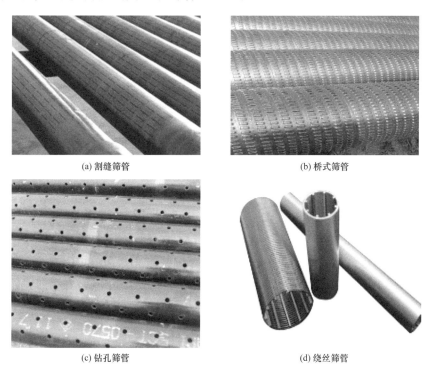

(a) 割缝筛管　　　　　　　　　　　　(b) 桥式筛管

(c) 钻孔筛管　　　　　　　　　　　　(d) 绕丝筛管

图2　不同制作工艺的筛管

（2）信号筛管。主要用于显示砾石充填情况，不同的充填工艺信号筛管的安装位置不同，对于低密度循环充填，采用上部信号筛管，用于显示砾石的充填高度或充填作业完成与否。在砾石充填过程中，当生产筛管逐渐被砾石覆盖时，充填液体只能通过信号筛管进入冲管返回地面，地面压力逐步升高。当充填砾石覆盖信号筛管时，地面压力迅速上升，此时表示充填作业结束。对于高密度挤压充填，一般采用底部信号筛管，信号筛管的长度一般选用1～2m即可。

（郑黎明　于乐香）

【替钻井液设备 drilling fluid displacement apparatus 】 试油作业中用于替钻井液功能的设备总称。替钻井液（洗井）设备主要包括洗井车（或水泥车）、井下管柱等。

（蒲春生　郑黎明　于乐香　吴飞鹏）

【水泥车 cement truck】 注水泥作业时用于混浆并向井下注入水泥浆的油田专用特种车辆。现代的水泥车配备有 30～50MPa 的高压水泥浆泵，另外还配有一台配水泥浆供水的柱塞泵，一个带标尺的水箱和混合漏斗及附属管线等如下图所示。固井注水泥作业需要多辆水泥车联合使用，在深井注水泥时，可多达十辆以上的水泥车联合作业。

水泥车

（蒲春生　郑黎明　于乐香　吴飞鹏）

【洗井车 well flushing truck】 用于油田采油作业过程中对注水井进行清洗、冲砂、试压等作业的专用车辆。主要由底盘、车架、三缸柱塞泵、吸入管汇、排出管汇、高压弯头箱、水箱等组成（见图）。洗井车一般是由旋流器、多腔污水处理罐和污水净化罐组装在载重汽车上，其中多腔污水处理罐由浮油腔、吸附聚结分离腔、沉降腔、吸附过滤腔、净化处理腔组成。

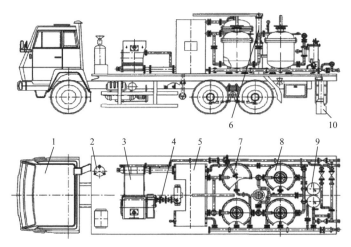

洗井车结构图

1—底盘车；2—加药系统；3—三缸泵；4—传动系统；5—清水箱；6—悬臂吊；7—滤芯过滤器；8—海绵过滤器；9—篮式过滤器；10—液压支腿

在长期的注水过程中，水中所含的少量机械杂质及油类，在井筒周围附近的地层中聚集，使地层吸水能力下降，从而污染了注水井，导致注水压力逐年提高，甚至堵塞地层，影响油井产油量。为确保正常注水，实现原油高产稳产，必须定期对注水井进行清洗。

一般情况下，洗井废水通过回收管线进入联合站处理后回注地层，但单井或边远小块油田的注水井较分散，一般不设洗井废水回收管线。通常是将洗井废水直接排入井场附近的废水坑进行自然蒸发和渗透，或利用罐车收集进行集中处理。前者对土壤和植被有影响，破坏周边环境，后者处理费用昂贵。采用洗井车洗井可以避免巨大的管线投资，减少对污水处理站主流程冲击，实现洗井过程中污水不外排，提高污水处理能力，节约水资源，降低油井生产成本，保护生态环境，提高原油回收率。

（蒲春生　郑黎明　于乐香　吴飞鹏）

【钻台管汇 rig-floor manifold】 钻台上用于控制流体压、流量所有管汇。包括节流管汇、压井管汇、放喷管线和活动管汇等，如图所示。

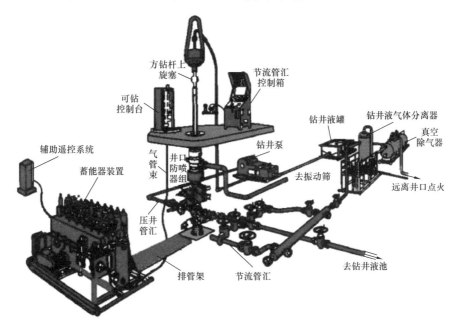

钻台管汇示意图

钻台管汇进口用活动管汇与控制头相接，出口用活动管汇与放喷管线、分离器或油池相接。

（蒲春生　郑黎明　于乐香　吴飞鹏）

【节流管汇 chock manifold】 可通过节流阀调节管汇压力的专用管汇。通过节流阀给井内施加一定回压并通过管汇约束井内流体，使井内各种流体在控制下流动或改变流动路线。节流管汇由节流阀、闸阀、管线、管子配件、压力表等组成。最大工作压力 14MPa 和 21MPa 的节流管汇采用手动控制；最大工作压力 35MPa 的节流管汇采用手控或液控。

控制井涌、实施油气井压力控制都需要用到节流管汇，通过节流阀的节流作用实施压井作业，替换出井里被污染的钻井液，同时控制井口套管压力与立管压力，恢复钻井液液柱对井底的压力控制，防止溢流。在防喷器关闭条件下，利用节流阀的启闭，控制一定的套管压力来维持井底压力始终略大于地层压力，避免地层流体进一步流入井内。此外，在实施关井时，可用节流管汇泄压以实现软关井。当井内压力升高到一定极限时，通过放喷阀的大量泄流作用，降低井口套管压力，保护井口防喷器组。

（蒲春生　郑黎明　于乐香　吴飞鹏）

【压井管汇 kill manifold】 当井内压力较高时，用于向井内泵入高密度钻井液以平衡井底压力，防止井涌和井喷发生的管汇。主要由单向阀、闸阀、压力表、连接管线等组成（见图）。可利用它所连接的防喷管线进行直接放喷，释放井底压力；也可以用来挤水泥固井作业及向井内注入清水和灭火剂。通过压井管汇单流阀，压井液或其他流体只能向井内注入，而不能回流以达到压井和其他作业的目的。

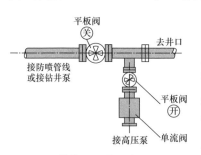

压井管汇连接示意图

（蒲春生　郑黎明　于乐香　吴飞鹏）

【放喷管线 flow line】 用于进行油、气井测试作业让井内油气有控制地喷出井外的管线。气井放喷管线可根据预测的气产量和井口压力选择管线尺寸。

若预测单翼气产量不小于 $80 \times 10^4 m^3/d$，井口至分离器宜选用规格为 $\phi 76mm$ 和 $\phi 89mm$ 的专用管线，采用螺纹或法兰连接。井口压力 25MPa 以下的井配备一条放喷管线、一条测试管线，井口采用油套单翼连接；井口压力 25～50MPa 的井配备两条放喷管线和至少一条测试管线，井口双翼油管、单翼套管连接；井口压力 50MPa 以上的井至少配备 3 条放喷管线和至少两条测试管线，井口双翼油管、双翼套管连接，放喷管线每隔 10～15m 用地矛固定好。连接管线选用 $\phi 73mm \times 5.51mm$ 或 $\phi 89mm \times 6.45mm$ 油管及短节（钢级为 N80 以上）；对于含酸性气体气井需采用抗腐蚀材质。

（蒲春生　郑黎明　于乐香　吴飞鹏）

【试压设备 pressure test apparatus】 试油作业时用于测试和控制油气井压力的设备总称。主要包括试压车、地层测试工具、防喷装置、控制装置（控制系统和控制阀体等）、节流管汇和压井管汇等。

（蒲春生　郑黎明　于乐香　吴飞鹏）

【试压车 pressure test truck】 油管柱等固定组件下完后，进行油管柱密封压力试验的油田专用作业车辆。由汽车底盘、试压泵、分动取力箱等组成（见图），可选装配液柜。

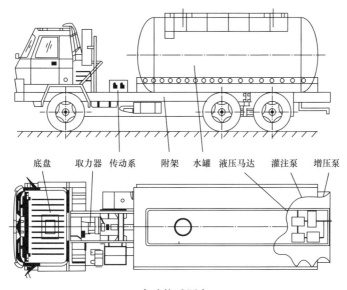

底盘　取力器　传动系　附架　水罐　液压马达　灌注泵　增压泵

多功能试压车

试压车通过进行密封压力试验，来判断油管柱是否有漏失，可完成油水井和气井的各种试压作业。在实际生产运行中，作业井试压施工也可由水泥车与水罐车配合进行，水罐车仅作为储运水设备，井筒打压由水泥车进行。

（蒲春生　郑黎明　于乐香　吴飞鹏）

【地层测试设备 well testing equipment】 地层测试使用的各类地面控制设备、井下测试工具及仪表的总称。地面控制设备用于控制井口流体和记录井口压力、温度；井下测试工具及仪表主要完成地层与环空压力的封隔、井下开关井、井下取样、压力和温度的记录、循环洗井等。主要包括地层测试控制头、地层测试油嘴管汇、地层测试活动管汇、MFE 测试工具、APR 测试工具、PCT 测试工具、HST 测试工具、膨胀式测试工具、压力温度记录仪和温度记录仪等。

（庄建山　薛敬利　郑黎明　于乐香）

【地层测试控制头 well testing control head】 进行地层测试时连接在测试管柱最上部，用于控制流体压力和流量的井口控制装置。它通过地层测试活动管汇与地层测试油嘴管汇连接，既可让地层流体经它流向分离器，又可经它向井内泵入流体。分为旋转控制头和非旋转控制头。根据其承压等级分为35MPa、70MPa 和 105MPa 三种。

旋转控制头可以使其上部保持不动，下部随管柱转动。分为单翼旋转控制头和双翼旋转控制头。单翼旋转控制头由两个旋塞阀、旋转接头及活接头等组成（见图1）。双翼旋转控制头由旋转头、抽汲阀、两个主阀和两个翼阀组成（见图2）。主阀由两个具有大通径的球阀组成，可以进行钢丝作业。双翼旋转控制头多用于高压高产油气井测试，其规格有 70MPa 和 105MPa 两种。

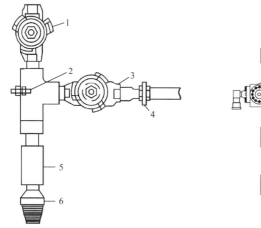
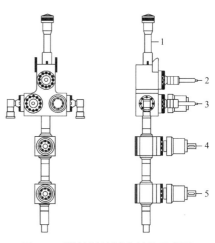

图 1　单翼旋转控制头结构示意图

1—旋塞阀；2—投标挂；3—旋塞阀；4—活接头；
5—旋转接头；6—钻杆接头

图 2　双翼旋转控制头结构示意图

1—旋转头；2—抽汲阀；3—流动和压井翼阀；
4—上主阀；5—下主阀

根据测试井的条件和施工要求，选择不同类型和压力等级的控制头。用于海洋测试作业的地层测试控制头都配有液控远距离操作遥控阀。

（庄建山　任永宏）

【地层测试油嘴管汇 well testing chock manifold】 地层测试时用于控制流体压力、流量的地面控制管汇。进口用活动管汇与地层测试控制头相接，出口用活动管汇与放喷管线、分离器或计量罐相接。由旋塞阀、三通、四通、活接头和油嘴总成等组成（见图1、图2）。油嘴可随时更换，便于计量。有的油嘴管汇还配备可调油嘴，油嘴的大小可随意调节，使用方便。

地层测试油嘴管汇的工作压力分为 35MPa、70MPa 和 105MPa。

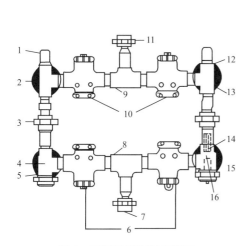

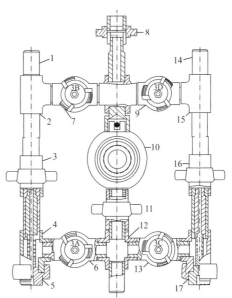

图1　双翼油嘴管汇示意图

1—丝堵；2、5、13、15—支承座；3、7、11—活接
头；4—油嘴总成；6、10—旋塞阀；8、9、12—三通；
14—油嘴衬套；16—油嘴

图2　双翼直通油嘴管汇示意图

1、14—丝堵；2、15—三通；3、5、8、11、16、
17—活接头；4—油嘴衬管；6、7、9、13—旋塞阀；
10—主阀；12—四通

（庄建山　任永宏）

【地层测试活动管汇 well testing swivel manifold】 地层测试时连接地层测试控制头、地层测试油嘴管汇和放喷管线，可任意调节方向的管汇。由各种不同长度的直管线、活接头、活动弯头、安全卡环及固定链条组成（见图）。直管线及活动弯头采用特制加厚无缝钢管制成。活动管汇连接方便，上提下放测试管柱时，它可以灵活的活动，为测试操作提供方便。地层测试活动管汇工作压力分为 35MPa、70MPa和 105MPa 三种。

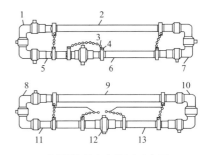

地层测试活动管汇示意图

1—三向弯头；2、9—长管；3—螺钉；4—螺母；
5—直管；6—长管；7、8、10—两向弯头；
11—长管；12—活接头；13—长管

（朱礼斌　刘　铮）

【MFE 测试工具 multi-flow evaluator testing tool】 通过地面上提、下放测试管柱实现井下多次开关井的一种地层测试工具。主要包括多流测试器（MFE）、裸

眼旁通阀、安全密封、BT 裸眼封隔器、卡瓦封隔器、剪销封隔器、液压锁紧接头、反循环阀、震击器、压力记录仪及托筒、安全接头、筛管及开槽尾管等。

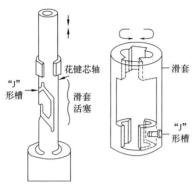

图 1　换位机构示意图

MFE 测试工具可实现坐封、多次开关井、取样、压力温度记录、循环和解封。该工具结构简单，操作方便，动作灵活可靠地面显示清晰等特点，不仅适用于套管井内的测试，也适用于井径比较规则的裸眼井测试，是各油田普遍使用的测试工具。

多流测试器是 MFE 测试工具的核心部件，由换位机构、延时机构和取样机构组成（见图 1 至图 3）。其中换位机构和延时机构控制井下开关井，取样器采集终流动结束时流入管柱的样品。

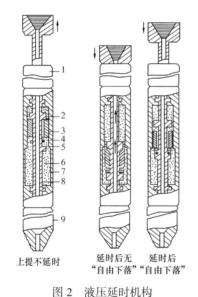

图 2　液压延时机构

1—换位机构；2—外筒；3—阀；4—上液室；5—弹簧；6—液压油；7—下液室；8—芯轴；9—测试阀及取样机构

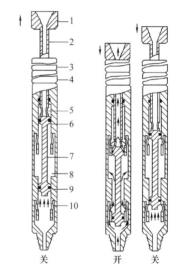

图 3　取样机构及测试阀结构示意图

1—上接头；2—花键芯轴；3—换位机构；4—延时机构；5—流动孔；6—上测试阀；7—取样芯轴；8—取样室；9—下测试阀；10—流动孔

多流测试器借助上提、下放管柱实现多次开关井。测试阀打开时，管柱有自由下落 25.4mm 的明显显示，在终关井时，取得终流动状态下的地层流体；旁通阀连接在多流测试器下方，当起下测试管柱时，压井液可从封隔器芯轴内孔经旁通阀的孔流过，使测试管柱顺利起下。在测试结束时，旁通阀打开，使封隔器上下方压力平衡，便于封隔器解封；安全密封用于裸眼井测试，与裸眼封隔器配套使用，组成安全密封封隔器，当操作多流测试器进行开关井时，使封隔器保持坐封状态；液压锁紧接头是用于套管井测试的锁紧装置。

当上提下放管柱进行开关井操作时，液压锁紧接头产生向下的锁紧力，保持封隔器坐封，同时产生上顶多流测试器芯轴的力，便于多流测试器操作；封隔器靠管柱负荷使胶筒膨胀，从而达到密封套管或地层的目的；液压震击器是调时震击器，调节其调整螺母，可调节震击器的震击时间。当震击器下部工具遇卡后用于产生向上强烈的震击力，使遇卡处解卡；安全接头是测试中的一种安全装置，震击后无法解卡时，可从安全接头处倒扣脱开，把安全接头以上的管柱取出；压力温度记录仪记录井下压力和温度数据；筛管及带槽尾管则是地层流体进入测试管柱的通道。

每测试完一层，在现场对测试压力卡片进行鉴别，确认测试工具、工艺、仪器正常，压力卡片曲线正确反应井和储层特性时，可根据开井流动曲线和关井压力恢复曲线的形态对井和储层做定性的初步评价。

（庄建山　薛敬利　于乐香　郑黎明）

【APR 测试工具 annulus pressure respondent testing tool】 通过地面环空加压、泄压使井下 LPR-N 测试阀转动从而实现开关井的全通径测试工具。主要由 LPR-N 测试阀、OMNI 阀、APR-A 循环阀、APR-M$_2$ 循环阀、RD 循环阀、RD 安全循环阀、RD 取样器、震击器、液压循环阀、放样阀、伸缩接头、RTTS 循环阀、安全接头、RTTS 封隔器、压力温度记录仪托筒等组成。在测试管柱不动的情况下，由环形空间压力控制测试阀开关，实现多次开关井。ARR 测试工具具有压力低且操作方便简单的特点。APR 测试工具有 $\phi$127mm 和 $\phi$98mm 两种规格，其最小内径分别为 $\phi$57.15mm 和 $\phi$45.72mm，适用于海上浮船、自升式钻井平台、固定平台或陆地大斜度井的测试。特别适用于高温高压井、高产量井测试、含有害气体层测试，由于是全通径，有利于高产、高压油气井、超浅井测试，可以对地层进行酸洗、挤注及缆绳作业，仅在套管内使用。

LPR-N 测试阀是测试管柱的主阀，主要由球阀部分、动力部分和延时部分组成（见图）。

地层测试时，根据地面温度、测试层温度及静液柱压力，在地面对 LPR-N 测试阀氮气腔充氮至预定压力，此压力作用在动力芯轴上，使球阀在工具下井时处在关闭状态。工具下井过程中，在补偿活塞作用下，球阀始终处于关闭状态。封隔器坐封后，环空加压，压力作用在动力芯轴上，压缩氮气，动力芯轴下移带动操作臂使球阀转动打开，实现开井。

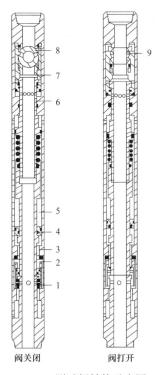

**LPR-N 测试阀结构示意图**
1—下接头；2—硅油腔；3—计量阀；4—浮动活塞；5—充 $N_2$ 腔；6—动力芯轴；7—动力臂；8—球阀；9—球阀

释放环空压力，在压缩氮气作用下，动力芯轴上移带动操作臂使球阀转动关闭，实现关井；新一代全通径选择测试阀可在释放环空压力的状态下保持开井，适用于长时间开井流动测试，且安全可靠；OMNI 阀是一种可多次开关的压控循环阀，适用于挤注或酸化作业。

RD 取样器是井下压控取样器，可在任意流动期取得流体样品；APR-A 循环阀或 RD 循环阀用于测试结束后的循环压井；APR-$M_2$ 循环阀或 RD 安全循环阀是一种可以作为循环阀、安全阀和取样阀的多功能阀；震击器的作用与 MFE 测试工具中的震击器相同；液压循环阀连接在测试阀以下时作为封隔器的旁通使用，连接于测试阀以上时可在测试后作为循环阀使用；放样阀通常接在测试阀上部，用于放出 APR-$M_2$ 或 RD 安全循环阀与 LPR-N 测试阀之间的样品；伸缩接头在管柱中提供一段伸缩长度，用于补偿平台或浮船的上、下浮动；RTTS 循环阀既可作为循环阀又可作为旁通阀使用；RTTS 循环阀、安全接头接在封隔器之上，当封隔器遇卡时，从安全接头处倒开，起出安全接头以上的管柱；压力温度记录仪托筒外壁开有专用槽，一次下井可同时放置 2 支压力记录仪和 2 支温度记录仪。

全通径 APR 酸化压裂复合管柱包括油管（钻杆）+油管（钻杆）试压阀+常开、常闭阀（OMIN 阀）+LPR-N 阀+液压旁通+VR 安全接头+RTTS 封隔器+压力计。

（庄建山　薛敬利　于乐香　郑黎明）

【PCT 测试工具 pressure controlled testing tool】 通过地面环空加压、泄压使滑套型测试阀移动，从而实现井下开关井的全通径测试工具。主要由 PCT（Pressure Controlled Tester）测试阀、液压标准工具、多次反循环阀、单次反循环阀、双球取样安全阀等组成。当封隔器坐封后，在测试管柱不动的情况下，由环形空间压力控制井下测试阀，实现开关井操作，达到地层测试目的。PCT 测试工具主要用于斜度较大的定向井或海上浮船测试，适用于含硫化氢井和酸化施工井。一次下井能进行测试—酸化—再测试及各种绳索的综合作业。由于工具内径大，也适用于高产井测试，并有解除地层污染的作用。

PCT 测试阀是一种滑套型测试阀，主要由外筒、取样室、控制芯轴、弹簧、氮气室和平衡活塞等组成（见图 1）。

PCT 测试阀在下井前根据地面温度、测试层温度和静液柱压力，将氮气室充氮至预定压力，滑阀靠氮气室的氮气压力和弹簧的推力作用保持关闭，工具下井过程中氮气室两端均受静液柱压力的作用，使压力保持平衡。下到预定位置后坐封封隔器，液压标准工具压力阀关闭，即关闭通向平衡活塞的传压孔。此时，测试阀处于闭合位置。当由环形空间施加泵压 7～11MPa 时，此压力作用在氮气室上部的控制芯轴上，使之压缩氮气和弹簧，PCT 芯轴向下移动，滑阀打开，进入流动期。当需要关井测压时，将环空压力释放，氮气室控制芯轴上部仍承受静液柱压力，下部原有静液柱压力仍被液压标准工具压力阀锁定，上、下压力又处于平衡状态，测试阀在氮气压力和弹簧作用下推回到关闭状态。以后再开、关井测试，只要重复上述过程即可。测试完毕，如果需永久关闭测试阀，可由环形空间施加较高泵压，将破裂盘打开，液柱压力进入平衡活塞的下部，氮气室两端压力平衡，滑阀在氮气和弹簧的作用下始终处于关闭状态。

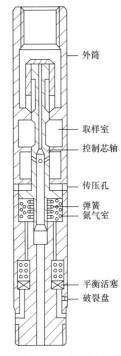

图 1　PCT 测试阀结构示意图

外筒
取样室
控制芯轴
传压孔
弹簧
氮气室
平衡活塞
破裂盘

液压标准工具由压力基准阀、液压延时机构、控制阀和旁通阀组成（见图 2），接在 PCT 测试阀的下部，具有两个基本功能：（1）将液压传到 PCT 测试阀操作部分；（2）减少对测试层的冲击和抽汲，测试结束平衡封隔器压力。下井时压力基准阀是打开的，液柱压力经此阀作用在 PCT 测试阀氮气室平衡活塞的下部，保证控制芯轴上、下压力平衡，使滑阀保持关闭状态。控制阀在起下工具时是关闭的，只有在测试时打开。旁通阀是在起下工具时提供压井液流动的通道，当封隔器坐封时，靠管柱施加力，延时 3～5min，液压标准工具芯轴下移，关闭压力基准阀和旁通阀，打开流动控制阀。测试结束后，上提管柱，拉伸液压标准工具，使压力基准阀和旁通阀打开，控制阀关闭，即可解封封隔器，起出测试管柱。

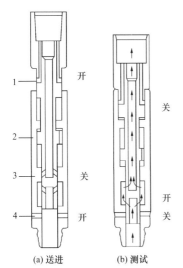

图 2　液压标准工具结构示意图
1—压力基准阀；2—液压延时机构；
3—控制阀；4—旁通阀

(a) 送进　　(b) 测试

开
关
关
开
开
关
开
关

1
2
3
4

多次反循环阀是一种靠内压操作实现多次开关的正反循环阀，既可通过一定次数的内部加压操作打开循环阀，又可通过正循环超压关闭循环阀；单次反循环阀是靠环空加压操作来开启的循环阀，在测试结束后，打开单次反循环阀替换出地层产出的流体；双球取样安全阀是取得流动样品的全通径井下取样阀，同时也是单次反循环阀的操作触发器，它以开启状态下井，通过环空加压关闭，关闭后，阀被固定在关井位置上，不能重新开启。断销式反循环阀、震击器、安全接头、可回收封隔器、筛孔尾管及压力温度记录仪与常规 MFE 测试工具相同。

📖 推荐书目

沈琛. 试油测试工程监督［M］. 北京：石油工业出版社，2005.

（朱礼斌　刘振庆　郑黎明　于乐香）

常规 HST 测试器结构图

上接头
"O"形密封圈
换位芯轴
凸耳芯轴
"O"形密封圈
换位凸耳
隔环
"J"形槽总成
弹簧
"J"形槽接头
"O"形密封圈
上体
注油塞
"O"形密封圈
"O"形密封圈
"O"形密封圈
计量芯轴
液压弹簧油
下垫圈
阀
阀筒
活塞
下体
"O"形密封圈
塞

【HST 测试工具 hydro spring testing tool】 通过地面上提下放测试管柱实现多次井下开关井的液压弹簧测试工具。主要由 HST 测试器、伸缩接头、VR 安全接头（带旁通孔）、RTTS 循环阀、RTTS 封隔器等组成。HST 测试器分为常规和全通径两种类型，有 $\phi$98mm 和 $\phi$127mm 两种规格。HST 测试工具适用于不同尺寸的套管井和裸眼井测试。HST 全通径测试工具更适用于高产井及海上固定平台井的测试。

常规 HST 测试器由换位机构、计量延时机构和测试阀三部分组成（见图）。

常规 HST 测试器的工作原理与 MFE 测试工具的多流测试器相同，也是靠上提下放管柱来实现多次开关井。下井时常规 IIST 测试器测试阀处于关闭状态，下至预定位置，管柱加压至预定负荷，经过一段延时，测试阀打开，管柱有自由下落 38.1mm 的明显显示。流动测试完成后，上提管柱至"自由点"悬重，并提完 152.4mm 的自由行程，再下放管柱加压即可关井。重复上述操作，可实现多次开关井的目的。

$\phi$98mm 全通径 HST 测试器的换位机构与常规 HST 测试器相同。计量延时机构由计量套代替了计量销，测试阀由球阀代替了滑阀，测试阀位于工具下部。也是靠上提下放管柱来实现多次开关井。下井时球阀处于关闭状态，下至预定位置，管柱加压至预定负荷，计量套提供延时后，球阀打开。测试阀底部带有旁通，在下井时处于开启位置，加压坐封时关闭。

$\phi127mm$ 全通径 HST 测试器的测试阀在工具的上部，换位机构位于工具下部，与 $\phi98mm$ 全通径 HST 测试器相反。

伸缩接头接在 HST 测试器下部，在测试器换位操作时，提供 762mm 的自由行程，以使 VR 安全接头的旁通孔保持关闭，封隔器保持坐封；VR 安全接头是一种右旋式安全接头，靠右旋和上提、下放管柱倒开，以便工具遇卡后取出安全接头以上的管柱；RTTS 循环阀既可作为循环阀又可作为旁通阀使用。

（朱礼斌　刘振庆）

【FFTV 测试工具　full flow testing tool】　通过地面上提下放测试管柱实现多次井下开关井的液压测试工具。主要由压力计托筒、BT 封隔器、RTTS 封隔器、裸眼旁通、安全密封、VR 安全接头、RTTS 安全接头、液压旁通阀、大约翰震击器、伸缩接头、全通径测试阀（FFTV）、RD 循环阀、RD 安全循环阀、内压循环阀（IPO）、泵反、FDS 取样器、RD 取样器、钻具组合及控制头等组成。

在上述管柱组合中，压力计托筒、BT 封隔器、裸眼旁通、安全密封、泵反及控制头是常规 MFE 测试中常用的工具，伸缩接头、RD 循环阀、RD 安全循环阀和 RD 取样器等为 APR 测试中常用的工具。

（蒲春生　郑黎明　于乐香　吴飞鹏）

【膨胀式测试工具　inflatable type well testing tool】　靠旋转测试管柱转动井下膨胀泵，将过滤的压井液增压后充入到封隔器胶筒中，使其膨胀坐封，通过上提下放测试管柱，实现井下开关井的一种地层测试工具。主要由液力开关、取样器、B 型膨胀泵、滤网接头、上封隔器、带孔组合接头、下封隔器、阻力弹簧器、旁通管、调距钻铤、压力温度记录仪托筒等组成。该测试工具有 3 个通道，即测试通道、旁通通道和膨胀通道。膨胀式测试工具既可以采用单封测试器管串以测试下层，也可以采用双封测试器管串以测试两个测试层段的上部层段。主要用于砂泥岩裸眼井测试。对于裸眼井段井径不规则，用压缩式胶筒封隔可能密封不严，膨胀式胶筒有较大膨胀度和长的密封段，能有效地封住不规则井壁，也能在水洗、键槽及软地层井眼密封，既可以进行单封隔器的单层测试，也可以进行双封隔器的跨隔测试，在 152～311mm（6～12$\frac{1}{4}$in）裸眼井内自下而上逐层测试，并能一次下井，封隔器反复坐封进行多次测试。

液力开关阀相当于 MFE 测试工具的多流测试器，可实现多次开关井；取样器接在液力开关阀下部，与液力开关阀底部的控制芯轴相连，在终关井结束时获取终流动地层流体样品；B 型膨胀泵是膨胀式测试工具的心脏，它有 4 个往复活塞，每个活塞有一吸入阀和一排出阀，活塞上行时，吸入阀打开，将压井液吸入，活塞下行时，吸入阀关闭，排出阀打开，将过滤的压井液充入到两个封隔器胶筒中，使其膨胀坐封；滤网接头是膨胀泵吸入压井液的过滤器，保证泵吸入清洁的压井液，不堵塞膨胀通道，使泵正常运转；上封隔器位于测试层段顶部，封隔上部环空；下封隔器位于测试层段下部，封隔底部环空；带孔组合接头是地层流体的进入孔，接在上封隔器下部，内有膨胀、旁通和测试三个通道；阻力弹簧是在膨胀泵工作时，防止泵以下测试工具旋转的装置；旁通管用来实现上封隔器上部与下封隔器下部环空压井液的连通；调距钻铤用来调节两个封隔器之间的跨距。

（郑黎明　于乐香　朱礼斌　刘　铮）

【裸眼旁通阀 open hole by pass valve】　在测试管柱中安装于多流测试器下方的阀门。在下钻过程中遇到缩径井段时，打开裸眼旁通阀钻井液从管柱内部经旁通孔通过，从而减少起下钻阻力和抽汲作用；测试结束时，打开裸眼旁通阀平衡封隔器上下方压力，使封隔器易解封，顺利起钻。主要由主旁通阀、副旁通阀和计量阀组成（见图）。其延时机构正好与多流测试器相反，上提拉伸延时，下放加压不延时，一般施加 89kN 的拉力延时 1～4min 后拉开裸眼旁通阀。

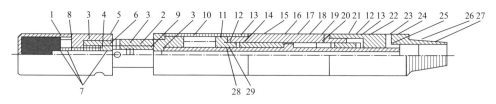

裸眼旁通阀结构示意图

1—上接头；2—平衡密封套；3、5、7、12、13、24—"O"形圈；4—锁环；6—螺旋锁；8—平衡阀套；9—花键芯轴；10—花键短节；11—上密封活塞；14—阀挡圈；15—螺旋销环；16—阀；17—阀芯轴；18—阀外筒；19—"O"形套；20—注油塞；21—补偿活塞；22—挡圈盖；23—密封芯轴套；25—"V"形密封圈；26—密封压帽；27—密封短节；28—非挤封环；29—密封保护圈

（蒲春生　郑黎明　于乐香　吴飞鹏）

【安全密封 safety seal】　在上提下放操作多流测试器进行开关井时，保持封隔器密封的部件。主要由活动接箍、阀短节、安全密封芯轴、油室外筒、连接短节、止回阀和滑阀总成等组成（见图），机构内充满液压油。

止回阀即单流阀，与上下油室连通，只允许液压油从下油室流向上油室。滑阀则是靠封隔器上下方的压差来推动的控制阀，控制上下油室之间的一条液压油流道。

滑阀的外端受压井液压力作用，内端与工具内腔连通，两端压力平衡时，滑阀处于开启位置，液压油流道是畅通的，当压井液压力大于工具内腔压力 1.034MPa 时，滑阀将被推至关闭位置，阻断液压油通道，当压差消失时，在弹簧力作用下，滑阀又会回到开启位置。

当测试管柱下到井底加压坐封封隔器时，安全密封封隔器受到压缩负荷作用，活动接箍、阀短节和油室外筒相对安全密封芯轴下行，下油室容积减小，上油室容积增大，液压油通过止回阀和滑阀流向上油室。封隔器坐封开井后，工具内腔压力变成液垫压力或地层压力，一般均小于压井液压力，压差将滑阀推至关闭位置。当上提测试管柱操作多流测试器时，尽管会使安全密封受到拉伸负荷，但由于上油室的液压油不能流向下油室，安全密封伸展不开，从而保持对封隔器胶筒的压缩作用，维持坐封状态。

测试结束后解封封隔器时，对旁通阀施加 89kN 的拉力，延时几分钟拉开旁通阀，平衡封隔器上下方的压力，滑阀在弹簧力的作用下回到原来的开启位置，重新沟通上下油室，安全密封在拉伸负荷作用下即可解除对封隔器胶筒的压缩作用，就能解封起钻。

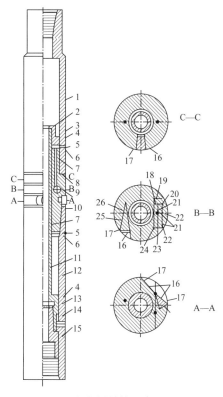

安全密封结构示意图

1—活动接箍；2—密封螺母；3、4、6、7、8、10、14、15、17、21、22—"O"形圈；5—注抽塞；9—阀短节；11—密封芯轴；12—油室外壳；13—连接短节；16—黄油塞；18—滑阀套总成；19—滑阀弹簧；20—滑阀；23—钻井液筛；24—弹性挡圈；25—弹簧；26—止回阀

（蒲春生　郑黎明　于乐香　吴飞鹏）

【液压缩紧接头 hydraulic lock joint】　用于套管井试井测试的锁紧装置。液压缩紧接头能对套管封隔器起到液压锁紧作用，主要由外筒、芯轴、浮套、密封活塞及下接头组成（见图）。

液压缩紧接头直接接在多流测试器下部，在下钻过程中，由于液柱压力作用把芯轴向上推，上顶测试器的取样芯轴，使测试阀保持关闭状态。换位操作时芯轴受向上的液压力而向上运动，而外筒和下接头同时受向下的液压作用力使封隔器保持坐封。

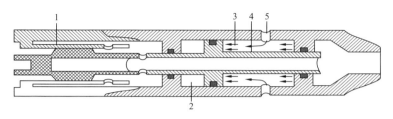

液压锁紧接头示意图

1—取样芯轴；2—大气室；3—锁紧面积；4—芯轴；5—液压孔

（蒲春生　郑黎明　于乐香　吴飞鹏）

【开槽尾管 slotted tail pipe】 测试管柱中在真空条件下将水排出的开槽垂直管。是地层流体进入测试管的第一个通道。开槽尾管的管身开有许多槽，内部还有已带有孔的过滤管，一般用于单封隔器的套管测试，悬挂在封隔器下边，其下还可挂接压力计。

（蒲春生　郑黎明　于乐香）

【测试阀 test valve】 用于地层测试中装置开关的阀，是地层测试工具的核心。根据地层测试工具的不同，包括 FFTV 全通径测试阀、PCT 全通径测试阀、选择性测试阀和 LPR-N 测试阀等。

FFTV 全通径测试阀　主要由球阀、延时机构、旁通机构 3 部分组成。FFTV 全通径测试阀作为实现开关井的执行工具，下放开井，上提关井，没有换位机构，结构简单，操作起来也简单，可靠性更强。坐封加压以后，球阀部分及计量套、油室外筒整体下移，下油室的油经计量套流至上油室，当计量套下移至旁通套下端时，密封圈不起作用，下油室不需经过计量套而直接流入上油室，延时结束，自由下落（40mm），地面给出开井显示，同时关闭旁通，打开球阀开井。关井上提时，由于上油室压力略高于下油室，将计量部分的旁通套推至下部，计量套不起作用，没有延时，直接关闭球阀实现关井。

PCT 全通径测试阀　主要由外筒、取样器、控制芯轴弹簧、氮气室和平衡活塞等组成。当向环空泵压时，压力通过传压孔传入控制芯轴，控制芯轴带动凸耳芯轴下移，轴上的凸耳在球阀操纵器的凸耳槽里滑动使操纵器转动，球阀操纵器的顶端偏心销嵌在球阀槽里，当操作芯轴沿工具轴向转动时，球阀操纵器上的偏芯销也随之转动，偏芯销在球阀槽里又带动球阀沿球阀的轴向翻转90°，使球阀转到开启位置。当环空泄压后，氮气压力、弹簧张力和静液柱顶力使控制芯轴上移，凸耳芯轴、球阀操纵器与环空泵压时运动方向相反，球又开始从开启位置到关闭位置。这样反复泵压、泄压就可以实现测试阀的多次开关，从而起到开关井的作用。

选择性测试阀　主要由球阀、上油室、氮气腔及、下油室四部分组成（见图1）。由环空压力操作、可锁定开井的第四代测试阀。正常操作时，环空压力作用在测试阀的动力活塞上，动力活塞＋选择换位装置＋动力计量套一起向下运动，带动动力芯轴和凸耳芯轴运动，凸耳克服阻力通过棘爪后，使球阀打开。环空压力持续作业在下腔室浮动活塞上，推动活塞向上运动，进而通过氮气活塞压缩氮气，形成储备

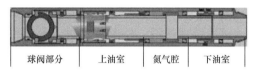

图1　选择性测试阀结构示意图

能量。关井时，快速释放环空压力，压缩氮气的储备能量通过氮气上活塞作业在上油腔，推动动力活塞上移，从而推动球阀实现关井操作。

除了具备传统LPR-N阀的功能外，还具有锁定开井的功能，即在环空达到锁定开井的操作压力后，即使卸掉环空压力，仍然可以保持测试阀处于开启状态。其优点为：常规操作压力低，对于保护环空套管有更大的优势；测试期间可以保持锁定开位置，避免钢丝作业或带电缆的连续油管测井作业时意外遇卡情况发生；有利于测试结束后的压井程序，尤其是在封隔器下部有较长尾管、高含硫化氢、高压气井等情况下压井更为方便。

LPR-N测试阀　通过该全通径阀用压力操作进行多次开井或关井测试作业在深井。在深井、高温、高压井测试中，可以在LPR-N测试阀上增设双氮气室，以降低对测试阀的操作压力。LPR-N阀主要由球阀、氮气动力装置和计量装置3部分组成。球阀部分主要由上球阀座、偏心球、下球阀座、控制臂、夹板和球阀外筒组成。球与球阀座之间靠面密封。球在控制（动力）臂的作用下，可做90°转动，实现开启与关闭的转换。氮气动力装置部分主要由动力短节、动力芯轴、动力外筒、氮气腔、充氮阀体和浮动活塞组成。计量装置部分主要由伸缩芯轴、计量短节、计量阀、计量外筒、硅油腔、平衡活塞组成（见图2）。

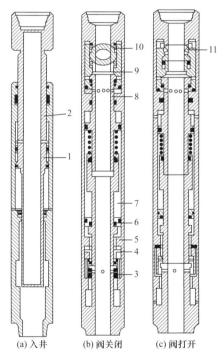

（a）入井　　（b）阀关闭　　（c）阀打开

图2　LPR-N测试阀结构示意图

1—平衡活塞；2—拉伸状态；3—平衡活塞；
4—硅油腔；5—计量阀；6—浮动活塞；
7—充氮气腔；8—动力芯轴；9—动力臂；
10，11—球阀

📖 推荐书目

沈琛.试油测试工程监督［M］.北京：石油工业出版社，2005.

（蒲春生　郑黎明　于乐香　吴飞鹏）

【循环阀 circulating valve】 安装于测试工具地层测试过程时用于打开和关闭测试液的特殊阀门。根据地层测试工具的不同，所用循环阀也不同，现场常用的有 E 型循环阀、APR-M 取样循环阀、RD 循环阀、RD 安全循环阀、OMIN 循环阀、全通径液压循环阀，内压循环阀等。

E 型循环阀　由 P 阀、E 座和本体等组成（见图 1）。连接在封隔器的上部，关闭下井，也可以安装在液压坐封封隔器下部坐封封隔器或者用于跨隔作业或者射孔。憋压打开 P 阀，进行替液、循环操作。替液完成后，再投球关闭该阀，投球关闭后可实现工具的全通径。

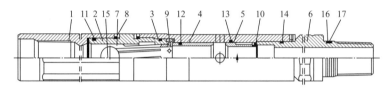

图 1　E 型循环阀结构示意图

1—上接头；2—球座套；3—循环外筒；4—上滑套；5—下循环套；6—下接头；7—球座；8，10—螺钉；
9—剪切销钉；11，12，13，14，17—"O" 形密封圈；15—球；16—支撑密封

APR-M 取样循环阀　由循环部分、动力部分和取样器三部分组成（见图 2）。终止流动后，继续向环空打压，动力芯轴剪断剪销向上运动，使球阀关闭，取得流动的地层样品，实现 APR-M 阀的取样功能；动力芯轴继续上行撞击密封芯轴，密封芯轴上的限位销被剪断，回复弹簧推动动力芯轴向上运动，循环孔打开可以进行反循环，实现了 APR-M 阀的循环功能；在关闭取样器的同时，弹性卡箍滑入锁定槽内，使球阀一直处于关闭状态，这就是 APR-M 阀的安全功能。

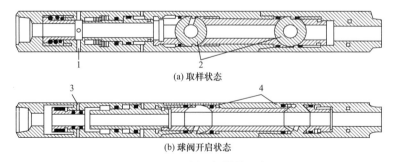

(a) 取样状态

(b) 球阀开启状态

图 2　APR-M 循环阀结构示意图

1—循环孔；2—球阀；3—循环孔；4—球

RD 循环阀　由循环部分和动力部分组成（见图3）。其中循环部分由上接头、剪切芯轴和剪销等构成；动力部分由压差外筒和缓冲垫等构成。当环空压力作用于破裂盘时，达到破裂盘破裂压力时，破裂盘破裂。压力作用于剪切芯轴的压差面积上，推动剪切芯轴下行，剪断剪销，剪切芯轴继续下行，循环孔打开，实现油管内外循环。

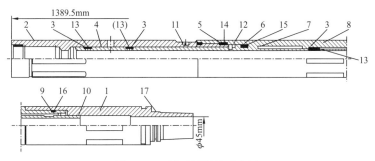

图 3　RD 循环阀结构示意图

1—下接头；2—破裂盘外筒；3—支撑密封；4—芯轴；5，6，7，9，10—支撑密封；8—芯轴外筒；11—破裂盘；12—剪销；13，14，15，16，17—"O"形密封圈

RD 安全循环阀　由循环部分、动力部分和球阀部分组成（见图4）。其中循环部分由上接头、剪切芯轴和剪销等构成；动力部分由压差外筒、破裂外筒、缓冲垫和弹性爪等构成；球阀部分由球阀外筒、连接短节、操作臂、球笼、下支撑弹簧、球座、下挡圈和下接头等构成。

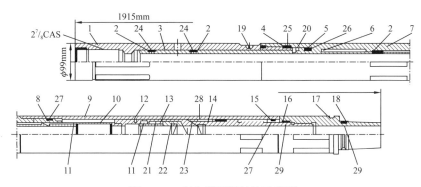

图 4　RD 安全循环阀结构示意图

1—破裂盘外筒；2，4，5，6，8，11，15，16，18—支撑密封；3—芯轴；7—芯轴外筒；9—花键外筒；10—连接爪；12—连接短节；13—上座圈；14—下座圈；17—下接头；19—破裂盘；20—剪销；21—操作销；22—座弹簧；23—球阀；24，25，26，27，28，29—"O"形密封圈

当环空压力作用于破裂盘，达到破裂盘破裂压力时，破裂盘破裂。压力作用于剪切芯轴的压差面积上，推动剪切芯轴下行，剪断剪销。剪切芯带着弹

性爪，连接短节，推动操作臂，使球阀关阀。同时，弹性爪张开，进入破裂盘外筒端部的大内径内，释放剪切芯轴，剪切芯轴继续下行，循环孔打开，实现循环。

OMNI 循环阀　一种全通径，由环空压力操作，循环孔可以多次开关的循环阀。由氮气容器、棘爪机构、硅油容器、液柱压力孔、循环孔、球阀和阀体组成（见图 5）。

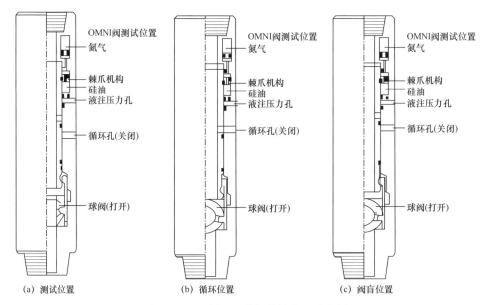

(a) 测试位置　　　　　　(b) 循环位置　　　　　　(c) 阀盲位置

图 5　OMNI 循环开关阀结构位置示意图

这种工具通过多次环空加压和释放压力来操作，使阀分别处于测试、循环和过渡 3 个不同工作位置。该循环阀作为第一反循环阀，可以同 LPR-N 测试阀一起下入井中进行测试作业，还可用于酸化、压裂、挤注液垫、管柱试压等多种特殊作业。

作为一种多次循环阀，该阀操作压力与 LPR-N 阀相同，兼备开关井和循环多项功能。OMNI 阀上带有换位机构，循环孔既可打开又可关闭，主要用于酸化挤注作业，酸化作业完成后，通过环空加压、卸压将循环孔打开进行下步的测试作业。OMNI 阀在酸化测试作业中提高作业效率，节约作业成本，使酸液对管柱和地层伤害程度降低。

全通径液压循环阀　主要由延时计量系统和旁通部分组成，具体包括上接头、芯轴、延时机构、下接头、补偿活塞和锁定机构等（见图 6）。全通径液压循环阀可以用于：（1）作为封隔器的旁通阀；（2）用作循环阀，测试结束后，循环井内的流体。可接于测试阀以上或测试阀以下。当接于测试阀以下时，该工具作为封隔器的上下旁通，在插入生产封隔器时，帮助释放测试阀下部的憋入压力；当接于测试阀以上时，可在测试后作为循环阀使用。

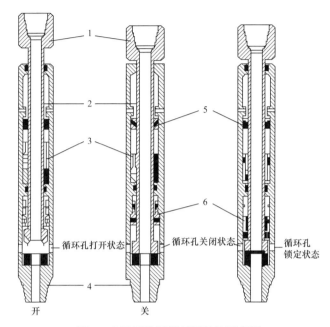

图6　全通径液压循环阀结构示意图

1—上接头；2—芯轴；3—延时机构；4—下接头；5—补偿活塞；6—锁定机构

　　**内压循环阀**　在测试结束时为压（洗）井提供通道。由上接头、下接头、卡环、剪销及其护套、剪切芯轴等组成（见图7）。靠调整剪销数量控制压力，压力范围为3.5～70MPa。管柱内加压，当压差达到设计打开压力值时，剪断剪销，芯轴下移打开循环孔，实现正（反）循环洗井。

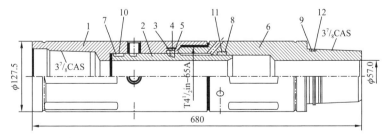

图7　内压循环阀结构示意图

1—上接头；2—卡环；3—剪销护套；4—剪销；5—剪切芯轴；6—下接头；7，8，9，10，11，12—密封件

（蒲春生　郑黎明　于乐香　吴飞鹏）

【反循环阀 reverse circulation valve 】 测试结束后借助外力开启的循环阀，一般接在多流测试器上方1～2根立柱处，其作用是在测试完毕后，用反循环把钻柱内的地层液（原油或水）返出，同时提供压井的流通通道。可进行反循环，也可以进行正循环。常用的有断销式和泵压式两种反循环阀（见图1）。断销式反循环阀即一个接头上装有两个带密封圈的断销塞，需要进行循环时，从井口向测试管柱内投入一根冲杆（投杆）砸断断销塞，构成两个循环通道，进行反循环。泵压式反循环阀是备用反循环阀。当断销式反循环阀有时未砸断时，可从钻杆内加压，一般为8～10MPa，将泵压式循环阀循环孔中的导盘、铜片压破，形成循环通路。

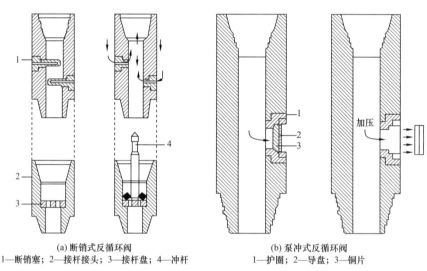

(a) 断销式反循环阀
1—断销塞；2—接杆接头；3—接杆盘；4—冲杆

(b) 泵冲式反循环阀
1—护圈；2—导盘；3—铜片

图1　反循环阀结构示意图

APR-A 反循环阀（断销式）　由上接头中心短节、下接头、剪切套、剪销和剪切芯轴等组成（见图2）。下井时，APR-A 阀的剪切芯轴被剪销限定在循环孔关闭的位置。测试结束后，向环空加压剪断剪切销，剪切芯轴下行，循环孔打开，实现反循环。操作打开压力一般设定在高于 LPR-N 阀的操作压力10.3MPa 左右。

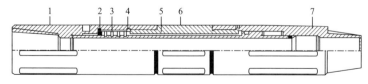

图2　APR-A 反循环阀结构示意图

1—上接头；2—剪切套盖；3—剪销；4—剪切套；5—剪切芯轴；6—中心短节；7—下接头

RTTS 反循环阀（泵冲式） 一种同时可作为循环和旁通阀的锁定开、关型工具，它与 RTTS 封隔器配套使用（见图 3）。起卜钻时 RTTS 反循环阀处于打开状态，起旁通作用；当封隔器坐封时，RTTS 反循环阀自动锁定于关闭位置。

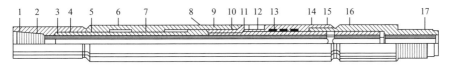

图 3 RTTS 反循环阀结构示意图

1—$2\frac{3}{8}$in 外加厚油管扣；2—上接头；3、5、8、13、14—"O"形圈；4、10—$2\frac{9}{16}$USN 螺纹；6—"J"形槽套筒；7—凸耳芯轴；9、15—$3\frac{1}{2}$USN 螺纹；11—阀体；12—开孔芯轴；16—下接头；17—$3\frac{1}{2}$in—8UN 外螺纹

（蒲春生　郑黎明　于乐香　吴飞鹏）

【油管试压阀 tubing string test valve】 一种全通径单流测试阀，下入井中时，可以用它对钻杆测试管柱进行试压，以检查其密封性。插入永久性封隔器或坐封可回收封隔器之后，才能操作油管试压阀。油管试压阀内的剪切力取决于环形空间和油管压力。

（蒲春生　郑黎明　于乐香　吴飞鹏）

【全通径放样阀 full opening drain valve】 一种全通径单流测试阀，通常连接在测试阀的顶端，可以将 RD 安全循环阀或 APR–M$_2$ 阀与 LPR–N 测试阀之间圈闭的样品放出来。回收样品的体积由 RD 安全循环阀或 APR–M$_2$ 阀与 LPR–N 测试阀之间所加钻铤的多少来确定。

由本体、限位螺母、阀芯、管塞、"O"形圈、放样塞等组成（见图）。

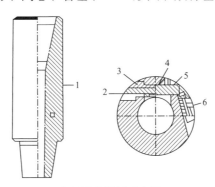

全通径放样阀示意图

1—本体；2—限位螺母；3—阀芯；4—管塞；5—"O"形圈；6—放样塞

（蒲春生　郑黎明　于乐香　吴飞鹏）

【伸缩接头 expansion joint】 一种补偿因井内温度压力等效应产生的变化导致管柱伸长或缩短的工具。在保持压力的情况下，可自由上下活动，避免管柱变形。伸缩接头由相互伸缩的两根同心管所组成（见图1），包括导向芯轴、芯轴、外筒、上接头、下接头等，内管上的密封元件使环空压力和流体与油管柱相隔离。

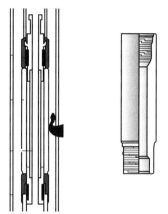

图1 伸缩接头示意图

伸缩接头可自由旋转，或将油管转动传递至封隔器，旋转伸缩接头提供360°旋转，但不能在井下传递这种转动，带锁定器的旋转接头类似于常规的旋转接头，只是在收拢位置或完全伸开位置时可以传递扭矩至封隔器或位于下面的其他工具，当要求经伸缩接头传递扭矩时，使用有锁定装置的伸缩接头。

在全通径测试管柱中，在上提关井期间，全通径伸缩接头为维持封隔器坐封提供一个恒定的坐封重量，并且在进行开关井操作时，提供更大的自由行程，利于开关井操作，便于现场操作人员对实现开关井的判断（见图2）。伸缩接头每伸长一定的长度，管柱下腔产生的空间由管柱内流体补充，同时，活塞将上腔排出相同量的流体进入管柱内，使管柱内容积不变，反之亦然。此伸缩接头为内容积平衡式。通常接在测试阀和封隔器之间，具有液压锁紧接头一样的液压锁紧功能。

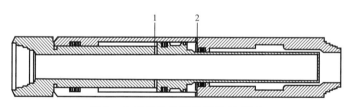

图2 全通径伸缩接头结构示意图
1—内呼吸孔；2—外呼吸孔

在取样作业管柱中，伸缩接头安装在取样器下部。工具下井时它处于自由拉伸状态，开井时处于压缩状态。伸缩接头使测试管柱在进行开关井时增长了0.5m自由行程，为地面正确判断自由点提供了依据，也可通过它判断伸缩接头上部管柱是否被卡。在自由行程范围内，管柱向上或向下运动0.5m，而悬重不变，说明伸缩接头上部管柱未被卡。

当少量坍塌物沉积在钻铤周围造成卡钻时，在测试管柱上连接了伸缩接头则为解卡提供了手段。通过下压钻具，使卡点部分的钻具在受压状态下走完伸缩接头的自由行程，受卡部位的钻具强行通过卡点，实现解卡。在冬天操作时，要防止伸缩接头突然伸开。

（蒲春生　郑黎明　于乐香　吴飞鹏）

【压力计托筒 gauge carrier 】 一种保护压力计的托筒。压力计自身的防振抗振能力较差，在地层测试联作、水力泵排液、井底压力监测等施工作业中，必须将压力计置于托筒内才能保证施工正常进行。压力计托筒分为 J–200 压力计托筒、全通径压力计托筒、电子压力计托筒等。

J–200 压力计　由压力装置、记录装置和温度计 3 部分组成，是一种活塞—弹簧式机械记录仪。200–J 压力计托筒作为外记录仪时，堵死压力计接头上两个"B"孔。作为内记录仪时，堵死压力计托筒接头上的"A"孔。

将压力计装在压力计托筒上，对压力计托筒试压 56MPa，经 10min 稳压为合格。

200–J 机械压力计具有以下特点：（1）仪器性能稳定，精度较高；（2）防振性能好；（3）耐高温。

全通径压力计托筒　由接头、上挡圈、下挡圈和下接头组成（见图）。其作用是携带两支压力计和温度计，并保持工具的全通径，有利于其他作业。全通径压力计托筒在托筒的外壁开有专用槽。

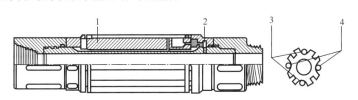

全通径压力计托筒结构示意图
1，3—RPC–3 型压力计；2—下挡套通孔；4—RT–3 型温度计

电子压力计托筒　由传压外筒（即筒体）、接头、支撑架（含悬挂部件，用于固定电子压力计）组成。与常规压力计托筒的区别是采用了电子压力计。电子压力计托筒试井工艺简略概括为"编程、接电池、回放数据"。

下井前进行地面通讯试验，合格后方可下井；轻拿轻放，平稳操作，安全运输；电池要选好，同一个接口箱不能同时用外接电源和电池两种电源；接口箱和接口线要正确连接；软件接口、波特率设置要正确。下井测试完毕，取出后用配套的接口箱和数据录取软件操作电子压力计。

电子压力计是靠井内流体来传递压力的，如果流道堵塞，井内流体就不能进入电子压力计的传压外筒，因而电子压力计就录取不到井内流体的压力数据。造成流道堵塞的原因主要有三个：（1）扶正器堵塞了电子压力计的传压外筒；（2）托筒的内台阶面遮盖了扶正器的传压孔；（3）井底沉沙堵塞了电子压力计托筒或其下部测试工具。托筒准备、运输和使用过程中，要轻拿轻放，避免与其他测试工具交叉摆放，更不能从高处往下摔、用大锤砸。电子压力计托筒要保证接头端面平滑、不变形，尤其是钻杆扣接头，不要磕碰，若有变形或凹痕则必须修复后再使用，而且还要试压。所有托筒在存放、运输、装卸过程中都要戴上护丝。

电子压力计是电子压力计托筒试井作业中的核心部分。电子压力计主要分为三类：应变式电子压力计、石英晶体式电子压力计和硅宝式电子压力计。常用电子压力计如 DDI 电子压力计、斯帕泰科（SPARTEK）电子压力计、PPS 电子压力计等。电子压力计的损坏大致分为以下几个原因：（1）减振装置安装不合适；（2）不装扶正器；（3）卸掉电子压力计的传压外筒或缓冲管下井；（4）电池爆炸；（5）井温过高；（6）电子压力计自然老化；（7）电子压力计使用不当；（8）射孔联作时减振效果不好；（9）使用之后不归还。标定计量中心无法对电子压力计进行及时的检测和保养。

（蒲春生　郑黎明　于乐香　吴飞鹏）

【震击器 bumper】 利用钻柱受张力发生弹性伸长时能积存弹性能量以产生震击作用的工具。在钻具遇卡后，上提管柱施加一定的拉力，使用震击器在卡点附近造成一定频率的震击，产生巨大的震击力，有助于被卡管柱和工具的解卡，它在处理油田井下遇卡事故具有较好的效果。当需要震击器上击作业时，在地面施加足够的预拉力，工具内锁紧机构解锁，释放钻柱储能，震击器冲锤撞击砧座，储存在钻柱内的拉伸应变能迅速转变成动能，并以应力波的形式传递到卡点，使卡点处产生一个远远超过预拉力的张力，使受卡钻柱向上滑移。经过多次震击，受卡钻柱脱离卡点区域。震击器下击作业与此类似。

震击器按工作状况可分为随钻震击器、打捞震击器和地面震击器；按震击原理可分为液压式震击器、机械式震击器和机液式震击器；按震击方向可分为上击器、下击器和双向震击器。加速器与震击器配合使用，加速器按工作状况可分为随钻加速器和打捞加速器，按加速方向可分为上击加速器、下击加速器和双向加速器，按加速原理可分为机械式加速器和液压式加速器。现场常用随钻震击器、机械式震击器和液压震击器。

随钻震击器　连接在钻柱组合中，如果钻进或者起下钻过程中遇卡，可以随时震击解卡。打捞震击器，只是在需要解卡时才上井作业，不可以长时间随钻工作。

机械式震击器　利用机械摩擦原理，锁紧机构采用一组棱带式的卡瓦，卡瓦副的释放由弹性套在压力作用下的变形来控制，震击力不受井内温度影响。机械式震击器可设计成震击力可调与不可调两种。可调机械式震击器其震击力在井口调节，不可调机械式震击器其震击力在产品组装时设定，现场不能调节，但整机长度短，工作安全可靠。机械震击器对金属材料及其热处理、机械加工精度等要求较高。其优点为：（1）全机械结构，内腔液压油品质变化不影响震击效果；（2）内腔无高压，易于密封，井下使用时间较长；（3）下井前调定上、下震击吨位，下井操作时不再变化，保持较恒定的震击力。

*液压式震击器*　利用液压油在细小流道内流动时的阻尼作用作为锁紧机构，利用流道突然变化所引起的释放，在震击器内产生打击，从而在钻柱内形成震动。液压式震击器由于其锁紧机构工作原理的限制，只能在单一方向上产生震击，一般为向上震击。由于具有优越于机械式震击器的长延时功能，其震击力大小可以靠司钻的操作任意调节，但由于液压介质、密封材料和密封结构等容易受磨损、井温等因素影响，产品的寿命、适应性和可靠性均不稳定。显然，液压式震击器对密封结构的设计和密封材料的选用以及对零件加工精度的要求都十分严格。

（蒲春生　郑黎明　于乐香　吴飞鹏）

【**液压开关工具** hydraulic switch tool】　通过地面操作钻柱实现井下开关井的工具。又称液力开关工具。是膨胀式测试工具的主要部件之一，相当于 MFE 系统的多流测试器，可进行多次开关井测试。结构由钻井液端和油端两部分组成，也可分为液压延时部分、井下开关阀和力矩传递部分三部分组成（见图）。

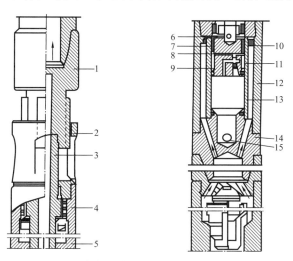

液力开关工具结构示意图

1—上接头；2—花键接头；3—芯管；4—油端活塞；5—油缸；6—钻井液端活塞液流孔；7，9—"O"形密封圈组；8—缸套液流孔；10—钻井液端活塞；11—单流阀总成；12—钻井液端外筒；13—钻井液端缸套；14—下接头；15—下接头旁通孔

油端位于工具上部，它由上接头、花键接头、芯管、油缸、油塞和计量系统组成。通过芯管的上下活动和液压延时机构的作用，可以控制液力开关工具的开关时间。

钻井液端位于工具下部，它由外筒、活塞、缸套和下接头等组成。它是底层流体进入测试工具的开关阀。

测试阀延时打开，开井有"自由下落"，地面显示明显。开关井工具处于自由拉伸状态，可进行多次开关井。

（蒲春生　郑黎明　于乐香　吴飞鹏）

【膨胀式测试液压工具 hydraulic tool for inflatable test】用井下膨胀泵输出的高压液体使胶筒膨胀进行测试的液压控制工具。其主要作用为使测试阀延时打开，实现井下关井或开井，传递扭矩。主要由液压延时部分、井下开关阀、力矩传递机构3部分组成（见图）。液压延时部分由延时阀芯轴、液缸、延时阀、单流阀、补偿活塞组成。井下开关阀由密封套，测试阀、流动接头、突开阀组成。力矩传递机构由上接头、花键套组成。

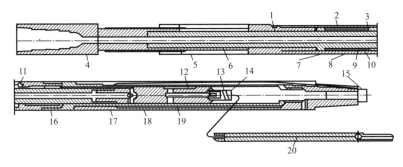

液压工具结构示意图

1—油塞；2—延时间；3—单流阀接箱，4—上接头；5—花键外套；6—被乐延时芯轴；7—液缸；8—单流阀盘；9—阀销；10—弹簧；11—活塞；12—突开阀；13—突开阀弹簧；14—挡块；15—底塞；16—补偿活塞；17—流通接头；18—密封套；19—测试阀；20—取样芯轴

*液压延时部分*　延时阀的一个端面，坐封在延时阀芯轴的阀座面上，且密封较严密，液缸里的被压油不能从此处通过。延时阀与液缸之间的缝隙仅约0.035mm。当延时芯轴受轴向压力时，迫使延时阀由液缸的上端向下运动。延时阀向下运动时，必须要排挤液缸下端的液压油，由于受排挤的这部分液压油，不能从延时阀坐封面处通过，唯一通道就只是延时阀与液缸之间的缝隙。缝隙是很小的，再加上液压油本身黏度又高，在这种条件下液缸下端的液压油要流到液缸上端，阻力很大，延长阀的芯轴向下移动的速度，从而实现了延时的目的。

井下开关阀　在钻具下压时，由于延时阀与液缸之间的缝隙小，实现了延时，当延时阀向下移动一段距离以后，它进入液缸卜端扩径部位，延时阀与液缸之间的缝隙突然增大，使液缸下端的液压油能顺利通过间隙流进液缸上端；在延时阶段，储集在钻柱上的能量这时被释放，井下测试阀打开。与此同时，地面呈现自由下落现象，为测试工作者判断井下开并状况提供了依据。

开井后，地层流体经测试阀进入钻杆。关井过程只需上提钻具，测试阀跟随上移，封闭密封套上的孔眼，完成井下关井动作。

力矩传递机构　通过花键外套实现力矩传递。液压工具与取样器分别是两个单独件，在使用取样器时，应卸下液压工具上的底塞及突开阀挡块，然后装上取样芯轴，以便在工具人井时与取样器连接。

（蒲春生　郑黎明）

【膨胀泵 inflate pump】　膨胀式地层测试器中吸入液体增压作用使封隔器胶筒膨胀的泵。当膨胀泵旋转时，从环空吸取压井液经滤网泵入封隔器来膨胀胶筒；当胶筒完全膨胀后，在整个测试期间，膨胀泵能保持膨胀胶筒的压力；在测试结束后，泵能平衡测试管柱的内外压差。由滑动接头部分、曲柄端凸轮机构部分和充压—泄压阀部分 3 大部分组成（见图）。

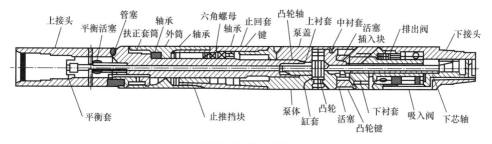

膨胀泵结构示意图

膨胀泵有 4 个活塞，成对地分布在两平面上，每个活塞都对应一个吸入阀、一个排出阀。当凸轮的轮廓线由高点转向低点时，带动活塞从缸套内向后退出，使缸套内容积逐渐增大，缸内压力降低，在钻井液静液柱压力与缸套内压力差的作用下，钻井液从吸入阀进入液缸，完成钻井液的吸入过程。凸轮连续转动，凸轮轮郭线由低点转向高点，迫使活塞向缸套里推进，使缸套内容积逐渐减少，缸套内液体受到挤压压力升高，当压力升到能克服排出阀重量及排出阀预调的弹簧力时，钻井液增压液排出。凸轮轮廓绕达到最高时，钻井液增压液排出过程结束。

当轮廓继续转动，凸轮又重复由高点到低点和由低点到高点的往复循环运动。使活塞重复地完成吸入过程和排出过程。

每个吸入阀的下端都装有一只安全排液阀，当排出阀的液体超过安全排液阀预调的释放压力时，安全排液阀开启，将排出阀排出的高压液体释放到吸入阀里，使泵卸载。此时泵不能排出液体。钻井液增压液只是由排出阀进入吸入阀，从而有效地保护了胶筒在衡压下工作，也有效地保护了膨胀泵的各个运动件。

（蒲春生　郑黎明　于乐香　吴飞鹏）

【吸入滤网 suction screen】　连接在膨胀泵的吸入端，过滤掉膨胀液中大于0.4mm 固体颗粒的滤网。吸入滤网中滤网总成、外连接管、中流动管、内流动管组成 3 条通道。滤网是由形状似等腰梯形的钢丝缠绕成圆柱形，钢丝与钢丝之间的间隙约为 0.34mm。

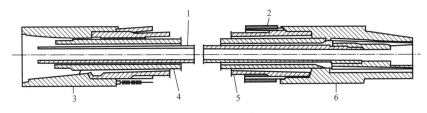

吸入滤网结构示意图

1—内流动管；2—滤网总成；3—上接头；4—中流动管；5—外连接管；6—下结构

在入井前，务必要认真清洗掉滤网上的固体物，确保下井以后的过滤效果，滤网是易损件，可单独进行更换。

（蒲春生　郑黎明　于乐香　吴飞鹏）

【释放系统 releasing system】　连接在上封隔器的上部，测试结束时释放封隔器胶筒内的膨胀液的系统。主要由活塞、释放阀总成、泵出阀总成、流通芯轴等组成（见图）。释放阀主要由调压弹簧、弹簧调压螺帽、闭帽、传压杆组成。释放阀调压范围为 11.3～12MPa。活塞沿轴线方向有一个通孔，是钻井液增压液通道，此孔道的钻井液进出口称为"H"口。

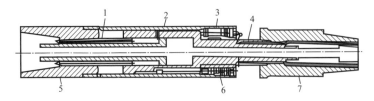

释放系统结构示意图

1—流通芯轴；2—外筒；3—泵出阀；4—活塞；5—上接头；6—释放阀；7—下接头

作用　（1）在钻井液增压液的作用下，提升活塞下端连接的钻具；（2）沟通钻井液增压液进入封隔器的流道，形成封闭的膨胀通道，使封隔器胶筒膨胀；（3）释放外筒与活塞环形腔室的压力；（4）释收胶筒内腔的压力，使封隔器胶筒收缩。

工作原理　当膨胀泵工作后，钻井液增压液流入活塞下端，活塞上端承受钻井液静柱压力，活塞两端钻井液压力之差是 10.5MPa。活塞向上运动时带动间隔管，上、下封隔向上移动直到活塞上的"H"口进入外筒里。与此同时，释放系统的下接头已经接触泵出阀的阀杆，迫使阀杆盘离开阀座，泵出阀打开。沟通钻井液增压液从释放系统流进封隔器的流道，使封隔器膨胀。

测试结束，由于活塞下端钻具被封隔器锚定，而释放系统的外筒空套在活塞外面，上提钻具，外筒上行，而活塞不动，使外筒与活塞的压力超过预调释放压力时，释放阀开始释放压力钻具不断地上提。当"H"口露出环空时，由于封隔器内腔的压力高于环空压力，胶筒内腔的压力通过"H"口释放，此时胶筒内外压力平衡，形变恢复。

由于活塞上行时，要不断地排挤外筒里的钻井液，因此工具入井时，要细心检查外筒上的两个孔眼是否畅通。

（蒲春生　郑黎明　于乐香　吴飞鹏）

【冲砂设备 sandwash apparatus】　实现试油作业中冲砂功能的设备的总称。主要包括泵车（或水泥车）、冲砂管柱。当采用气化液冲砂时还需要压风机；对于水平井冲砂，需要增加旋流冲砂器。

管柱组合举例（$5\frac{1}{2}$in）：$\phi$89mm 导锥 +$\phi$73mm（$3\times45°$）导锥倒角油管 +$\phi$73mm 油管 +$\phi$89mm 旋流冲砂器 +$\phi$105mm 扶正器 +$\phi$73mm 倒角油管 +$\phi$73mm 油管。

（蒲春生　郑黎明　于乐香　吴飞鹏）

【旋流冲砂器 cyclone sandwasher】　根据流体中的固体颗粒旋转时的筛分原理制成的冲砂设备。利用普通油管实现水平井旋流连续冲砂的关键装置，液流从旋流孔喷出时，旋转喷头高速旋转，使砂子和杂质处于悬浮状态，随液流流出，提高冲砂效率，可防止砂粒下沉，减少砂卡事故。

旋流冲砂器上接头下端与冲洗管上端螺纹连接，冲洗管中部套装有两皮碗座，皮碗座内分别固定有自封皮碗，两皮碗座相背设置，冲洗管侧面位于皮碗上方设有进液孔，上接头中心固定有中心管，同轴设置的中心管和冲洗管之间留有环空间隙，中心管下端伸出冲洗管外，旋转喷头经轴承套装在中心管伸出段外，中心管的下端固定有套管引鞋，旋转喷头套装在冲洗管下端，旋转喷头

旋流冲砂器

与中心管和冲洗管之间密封连接，旋转喷头的侧面设有旋流孔，旋流孔从内向外呈漩涡状分布并向下倾斜（见图）。

在水平井常规冲砂施工中，当未使用旋流冲砂器时，冲砂液和地层砂在重力作用下分别处于生产套管的上下两层，导致施工液体从上层流动而无法有效携带下层的地层砂一起运移，更无法有效携带地层砂返出井筒，具体表现是施工效率低、用水量巨大、冲砂效果差等。

（蒲春生　郑黎明　于乐香　吴飞鹏）

【压风机 gas compressor】将空气压缩成具备一定压力的气体，且连接到气动设备上，使之工作运转的装置。可向油管或套管注入压缩气体（见图）。压缩气体在压差的作用下将井内液体从套管或油管排出，实现气举。

压风机

压风机向井内注入压缩气体可降低井内液体密度从而降低井底回压，即自套管用压风机和水泥车同时注气和泵水，替置井内液体进而达到建立起足够地层回压，达到诱喷的目的。汽化水常用的方法有分段注入法和连续注入法。

（蒲春生　郑黎明　于乐香　吴飞鹏）

【射孔设备 perforation apparatus】用于油气水层射孔作业的专用设备。由地面设备、传输油管（可采用投棒，亦可采用反憋压、压差式点火）或传输电缆、井口设备、井下仪器、射孔枪、射孔弹等构成。一般将这些仪器设备集成为车载或橇装系统，便于移动和重复使用。当采用水力射孔时，还需要水力（喷砂）射孔器。

地面设备为射孔车，射孔车内主要是数控射孔仪和电缆绞车。数控射孔仪为计算机数据采集系统，主要功能有：与井下仪器、深度系统配合测量射孔定位曲线，并能实时记录、屏幕显示及绘图；对测井过程进行监控；跟踪定位和点火控制。电缆绞车由电缆、绞车和深度传送器等构成，主要作用是在准确测量深度的前提下，将电缆下入和起出井筒。地面射孔车辆根据运输功能不同，包括射孔仪器车、射孔绞车、射孔井架车、炮弹车、射孔泵车、过油管射孔车等。

电缆用来输送下井仪器和射孔枪等至井内，向井下仪器供电和传送控制信号，将井下仪器输出信号传送到地面仪器，并通电引爆电磁雷管。

　　井口设备包括井口滑轮、张力计和深度传送器等。井口滑轮用来改变电缆运行方向，井口滑轮安装有测量装置，可测得电缆深度、张力等相关参数。张力计也称指重计，固定在井口滑轮支架尾端，通过滑轮受力测量电缆所承受的拉力。深度传送器是装在井口滑轮上的马达装置，用于测量电缆运行方向和深度。

　　井下仪器主要有磁性定位器和放磁组合仪。磁性定位器可测量套管、油管或钻杆的接箍（接头）位置，在电缆输送射孔时可完成射孔枪定位和电磁雷管点火的任务。放磁组合仪可以同时测量自然伽马和磁性套管接箍两条深度定位曲线，用于油管输送射孔施工的深度定位。

（陈家猛　于乐香）

【**替喷设备** apparatus for displaced or induced flow】 实现试油作业中替（诱）喷功能的设备的总称。又称诱喷设备。诱喷主要采用专用井口装置、井下管柱、喷嘴进行注气、注泡沫的方式，降低井底压力，诱喷设备主要是气举和泡排设备等；抽汲是用专门的油管抽子将井内液体抽出来，以降低井筒内液面高度，减少液柱压力，达到排液、诱喷的目的，抽汲动力设备主要有通井机和专用抽汲车等。通井机因本身不带抽汲架子，仅能提供抽汲动力，它适用于带有井架井的抽汲作业；专用抽汲车自带抽汲架子，它适用有井架井的抽汲作业，也适用于无井架井的抽汲作业。抽汲作业用工具主要有抽汲抽子、抽汲胶筒、抽汲加重杆、抽汲绳帽、抽汲钢丝绳、提捞筒、气举管柱与气举阀以及预防井下安全的压井设备等。

　　抽汲抽子通过钢丝绳下入井中上下往复运动，上提时把抽子以上液体排出井口，同时在抽子下部产生低压，使油层液体不断补充到井内来。现场常用两瓣式抽子和水力式抽子。

　　（1）两瓣式抽子。下放抽子时，两瓣抽子互相错开，液体从抽子中心凹槽通过，上起抽子时，两瓣抽子合拢，在上部液柱压力下，胶皮挤压膨胀，与油管形成密闭，从而可将抽子以上液体排出。两瓣式抽子上起时密封性较差抽子胶皮磨损较大，抽汲漏失大，抽汲效率较低。

　　（2）水力式抽子。该装置是在阀式抽子基础上参考水力封隔器原理改进而成的，主要包括胶筒、中心管、球阀和阀座组成（见图1）。阀座位于胶筒之下，球阀在阀座上。当抽子下行时，液体顶开球阀，通过阀座中心管排液孔进入抽子上部；当抽子上行时，球阀坐落于阀座上，抽子上的液体重量作用在抽子上，产生一定的压力液体压力通过中心管小孔传到胶皮筒内，使胶皮筒胀大，从而更好地严密封油管。

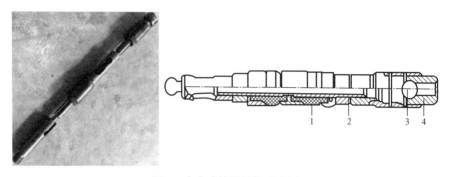

图 1　水力式抽子结构示意图

1—胶筒；2—中心管；3—球阀；4—阀座

抽汲绳绝大多数是直径 16mm（5in）的钢丝绳（涂塑、防硫）。

（1）抽汲深度的确定。在操作现场可通过缠绕在通井机滚筒上抽汲绳的层数和圈数为依据，简便计算抽汲工具下入深度，滚筒上缠绕抽汲绳第 $n$ 层长度计算公式为：

$$X_n=3.14\left[D+d+1.772d\left(n-1\right)\right]L/d$$

式中：$X_n$ 为缠绕抽汲绳总长度，m；$D$ 为通井机滚筒直径，m；$d$ 为抽汲绳直径，m；$L$ 为滚筒内有效长度，m。

（2）钢丝绳的破断压力。一般现场按以下经验公式计算。

$$S=d^2/2$$

式中：$S$ 为钢丝绳的破断拉力，kN；$d$ 为钢丝绳直径，mm。

（3）钢丝绳允许最大载荷。计算公式如下。

$$P=S/K$$

式中：$K$ 为钢丝绳的安全系数；$P$ 为钢丝绳最大静拉力，kN。

抽汲绳帽使抽汲钢丝绳与加重杆之间进行可靠连接。枣核式绳帽由枣核心、绳帽、顶杆组成（见图 2）。

抽汲钢丝绳插入绳帽用灌铅的方法实现两者的连接，后来又发明了枣核式绳帽，使用时钢丝绳通过绳帽，然后分开 6 股，让绳股穿过带有 6 个凹槽的枣核芯并旋紧顶杆，枣核芯紧紧地把钢丝绳股卡在绳帽上，实现可靠地连接。

抽汲加重杆为保证抽汲抽子顺利下入井内，抽子上部要连接加重杆，抽子与加重杆之间用关节接头连接。加重

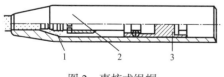

图 2　枣核式绳帽

1—枣核芯；2—绳帽；3—顶杆

杆一般用 32～40mm 钢管制成，钢管内可加加重材料，如灌铅等，长度一般为 2～4m，也可按需要的长度加工。

抽汲胶筒由一个基本钢丝骨架和橡胶体组成（见图 3）。当胶筒以速度 $v$ 向上运动时，胶筒下部外侧形成以局部真空，根据伯努利方程，胶筒受力膨胀，由于胶筒下部存在真空负压区，从而达到抽汲效果（见图 4）。抽汲胶筒一般使用丁腈橡胶材料加工，胶筒外径要求小于施工作业油管内径 3～4mm。$\phi$73.02mm 油管使用抽汲胶筒外径一般为 58mm，$\phi$88.90mm 油管使用抽汲胶筒外径一般为 72mm。

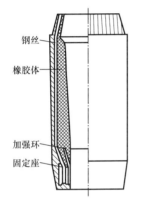

图 3　抽汲胶筒结构示意图

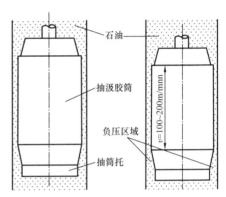

图 4　抽汲胶筒工作原理图

提捞筒　提捞筒是用小于油层套管内径 15mm 的钢管加工而成，上端加工有倒角，在内侧焊有提环，底部装有阀。当提捞筒接触液面时由于提捞筒的重力作用，阀自动打开，液体通过阀座进入捞筒，或捞筒没入液面，液体从上端灌入捞筒。上提时阀在自重作用下自动关闭，这样把井内液体一桶一桶地捞出来。

提捞和抽汲一样是传统的排液工艺。提捞是用动力绞动钢丝绳，将绳端所系的提捞筒在井筒内上下运动，把井筒内的液体提捞出地面达到油井排液的目的。

提捞筒的排液效率低，因此它适用于油井不能自喷、产量很低、液面相对较深的井，已基本不使用。

（蒲春生　郑黎明　于乐香　吴飞鹏）

【射流泵 jet pump】　利用射流紊动扩散作用来传递能量和质量的流体机械。又称水力喷射泵。当具有一定压力的流体通过喷嘴以一定速度喷出时，由于射流质点的横向紊动作用，将吸入室内的流体带走，吸入室形成低压区，在吸入管内外压差作用下，低压流体不断送进吸入室，由喷嘴及吸入管进来的两股流体在混合段及喉管中混合并进行动量交换，在喉管出口，两股流体的速度渐趋一致，在扩散管中，混合后的流体进行能量转换把大部分动能转化为压能，最后排出。

油井射流泵下泵时，可将泵从井口投入，利用动力液的正循环（即从油管中注入动力液）将泵压入油管下端的泵座内；起泵时利用动力液的反循环（即从油管和套管间注入动力液），张开提升皮碗，使泵离开泵座，上返到井口打捞装置内，将泵捞出。

*射流泵优点*　通过改变喷嘴与喉管组合或动力液压力及液量，可以很方便地调节产量，生产可控性强；没有精密配合的运动件和相互摩擦部分，能适应质量较差的动力液，甚至在含砂稠油井中工作寿命也较长；检泵方便，只要控制动力液反循环，即可将泵反冲出来，从而减少了维修工作量和起下管柱作业次数；在开采稠油时通过泵内射流紊动扩散作用，可以对原油起到稀释、乳化作用（同时利用稠油的热敏性，可以通过加热动力液来降黏），从而达到降黏的效果。

*射流泵缺点*　泵效较低，一般不超过33%，即需要较高的井底流压，才能达到最佳举升效率；系统设计与参数选择较为复杂，选择不当，既影响泵效，还可能出现气蚀现象。

（蒲春生　郑黎明　于乐香　吴飞鹏）

【螺杆泵 screw pump】　依靠由螺杆和衬套形成的密封腔的容积变化来吸入和排出液体的容积泵。主要用于工业领域，泵送黏稠液体。作为一种人工举升手段用于开采稠油和含砂原油。

螺杆泵采油装置由井下螺杆泵和地面驱动装置两部分组成。地面驱动装置是地面电动机或柴油机带动井口驱动装置，将井口动力通过加强级抽油杆的旋转运动传递到井下，驱动螺杆泵工作，把井下液体抽汲到地面，停机时，井口驱动装置吸收抽油杆反转扭矩，防止脱扣。

*分类及原理*　螺杆泵分单螺杆泵和双螺杆泵两种，一般使用的是单螺杆泵。螺杆泵由一个单头转子和一个双头定子组成（见图），转子由高强度钢经精加工及表面镀铬而成；定子是在钢管内模压高弹性合成橡胶而成。由于转子和定子配合时形成一系列相互隔开的封闭腔，当转子在定子内转动时，这些空腔沿轴向由吸入端向排出端方向运动，密封腔在排出端消失，同时在吸入端形成新的密封腔，其中被吸入的液体也随着运动由吸入端被推挤到排出端，这种封闭腔

的不断形成、运移、消失，起到了泵送液体的作用。

**优点与适用性** 与管式泵相比，螺杆泵能泵送高含砂量的高黏度原油，更适用于稠油出砂冷采，大幅度提高油井产量。为获得更高产量，螺杆泵最好下至接近油层，以提高生产压差。

螺杆泵的独特结构使其具有广泛的应用范围，适合于高黏度、高含砂、高合气、高含水的油井，由于螺杆泵工作时是转子旋转，给油管内的稠油有个搅拌作用，使稠油流动阻力降低。

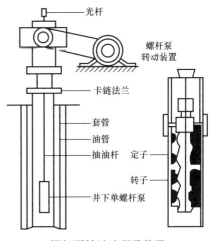

螺杆泵抽油流程及装置

（1）螺杆泵特别适用于稠油井和出砂井，特别是用于黏度 18000MPa·s（50℃）以下的稠油井和含砂小于 0.2% 的高含砂井；（2）工作环境温度小于 90℃；（3）不适用于高 $H_2S$ 产出的油井；（4）井斜要求小于 3°；（5）泵挂深度不宜过深，一般不超过 2000m；（6）产层必须有充足的供液能力，防止螺杆泵运转过程中出现抽空，间歇抽等情况；（7）沉没度一般至少保持在 200m以上。

虽然螺杆泵有诸多优点，也被广泛应用于各大油田，但与常规机采方式相比，螺杆泵采油设备也存在一些不足。包括：（1）螺杆泵中的定子内部为橡胶，因此不宜应用于高温注汽井；而且定子容易损坏，增加了检泵的次数，相应增加检修费用。（2）螺杆泵作业时需要流体润滑，缺少润滑将会导致泵体过热，定子橡胶弹性体老化，甚至烧毁。（3）与其他机采方式相比，螺杆泵的总压头较低。目前大多应用在 1000m 左右深的井中。当下泵深度超过 2000m 时，螺杆泵扭矩增大，杆断脱率增高，井下作业难度增加。

**螺杆泵热试油（采）探边一体化** 对于原油凝固点高、油稠、质差，常规排液困难的油井，采用电加热螺杆泵排液 +MFE 测试阀 + 存储电子压力计试井工艺。该工艺由螺杆泵、防旋油管锚、热电缆、注水球阀、MFE 测试阀、伸缩接头、P–T 封隔器、电子压力计等工具组合而成，对稠油、高凝油既能加热（出口温度达 42℃）排液（可调排量），又能进行探边测试，缩短了试油（采）周期，简化了工序。

（蒲春生　郑黎明　于乐香）

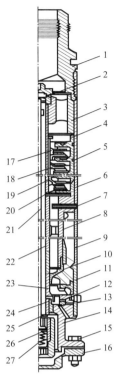

电动潜油多级离心泵结构示意图

1—泵出口接头；2—轴头压盖；3—上轴承外套；4—导轮；5—胶圈；6—泵壳；7—放气孔；8—交叉流道管；9—分离器壳体；10—诱导轮；11—分离壳；12—分离器叶轮座；13—半圆头丝堵；14—泵下接头；15—六角螺栓；16—泵护帽；17—上止推垫；18—中止推垫；19—叶轮；20—下止推垫；21—键；22—轴；23—分离器叶轮；24—轴承内套；25—卡簧；26—花键套；27—花键套弹簧

【电潜泵 electric submersible pump】 安装在井下由潜油电动机驱动用于举升井下液体的专用离心泵。又称电动潜油泵。一般由多级叶轮组成，是多级串连的离心泵。

结构 泵结构如图所示。转动部分由轴、键、叶轮、垫片轴套和限位卡簧等组成。固定部分由壳体、上接头、下接头、导轮和扶正轴承等组成。相邻两节泵的泵壳用法兰连接，轴用花键套连接。

电潜泵工作原理与普通离心泵相同，但受套管内径限制，直径小，长度大，泵的扬程高，叶轮和导轮级数多，泵的外形呈细长状。垂直悬挂运转，产生较大的轴向力，会使泵的转动部分发生轴向窜动，引起叶轮振动，轴承发热磨损。为消除轴向力，当泵工作时，在轴向力作用下，叶轮靠在导轮止推套上，轴向力通过导轮逐级传到泵外壳上。在叶轮上钻有平衡孔，用来减少叶轮的轴向力。导轮止推套外面与叶轮凹槽内面相接触，起到径向扶正作用。在泵的两端，装有扶正轴承，限制泵轴和叶轮的径向摆动。在泵上部的单流阀可防止停泵后液体倒流、泵旋转部分倒转，损坏机件。

（陈万薇）

【液氮排液设备 liquid nitrogen lifting equipment】 用液氮进行排液的设备。主要包括液氮泵车和制氮车。液氮排液时，当液氮用量小于 $7m^3$ 时，一般只用一台液氮泵车；大于 $7m^3$ 时，配合使用液氮罐车。通过液氮泵车把罐内的液氮泵入井内，由于减压升温作用，液氮变成氮气顶替井内液体，减少液柱对产层的压力。由于氮气的惰性特征，它不与井内天然气发生化学反应，大大提高了油井生产的安全性，液氮排液适用于射孔后排液诱喷、压裂酸化后地层排液不净的井的诱喷排液工作及低压、低产井的求产工作。

液氮泵车 由液氮罐、高压液氮泵。液氮蒸发器及控制装置和仪表等组成，主要功能是储存、运输液氮，使低压液氮增压为高压液氮，并使高压液氮蒸发注入井中。

制氮车　制氮车可以在空气中收集氮气，并将氮气增压。该设备的主要特点是采用了膜技术，空气进入膜中即可将氮气、氧气分离。该设备性能好、排量大、氮气排出压力高、能长时间连续运转。制氮车可以用于常规气举接液，它具有接液速度快、施工时间短、适合不同压力的油层排液的特点。在高压井施工时安全可靠，在低压井施工时可形成较大的负压，有利于自喷投产的诱喷施工。

（蒲春生　郑黎明　于乐香　吴飞鹏）

【气举阀 gas lift valve】　用于气举采油时一种井下的压力调节器。旧称气举凡尔。主要由储气室、波纹管、阀杆、阀芯、阀座等组成（见图1）。其中波纹管组件是气举阀的心脏，为气举阀的启闭提供位移。气举阀具有成本低、无复杂的机械装置，不受砂和石蜡及盐的影响、容易维护等优点，在国内外各大油田得到了广泛的应用。它通过向井下注入高压天然气，既能使停喷油井恢复生产，可作为自喷井的能量补充方式，也可作为油水井的措施排液及气井的排水采气工艺。按操作压力方式的不同，气举阀可分为套管压力操作阀和油管压力操作阀；按投捞方式的不同，可分为固定式阀和投捞式阀。

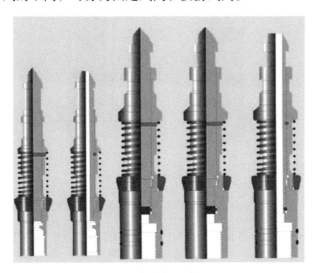

图1　气举阀示意图

气举阀由注气压力控制。波纹管在试验室预先充装高压氮气，此压力提供气举阀的关闭压力。当该深度套管压力超过关闭压力时，波纹管被压缩，气举阀阀杆离开阀座，使气注入生产的管道。当气举阀深度处的油管压力高于套管压力时，单流阀关闭，此时使井液不能从油管进入套管，保证了酸压等作业正常进行。

气举阀的作用相当于在油管上开设了孔眼，高压气体可以从孔眼中进入油管举出液体。降低管内的压力到一定程度后，气举阀能自动关闭，将孔眼堵死。如图 2 所示，在气举前，井筒内充满液体，沉浸在静液面以下的气举阀在没有内外压差的情况下由于阀内弹簧弹力的作业是关闭的。当气举时的液面降到阀 1 的时候，气举阀内外产生压差，环空高压气体推开阀，则高压气体通过阀 1 进入油管中，使阀 1 以上油管内的液体混气。如果进入的气量足以使液体混气而喷出，则油管内的压力就会降低，管内压力下降后使环空的高压气体挤压液面继续下行，环空液面继续降低，高压气体又通过阀 2 进入油管举升液体，同时阀 1 由于内外压差的作用关闭。阀 2 进气后，阀 2 以上油管的液体混气喷出，油管内压力降低，在环空的高压气体挤压下液面又继续降低，最后高压气体自油管鞋进入油管，阀 2 关闭自油管鞋喷出，井内的液体被全部举出，即举通。

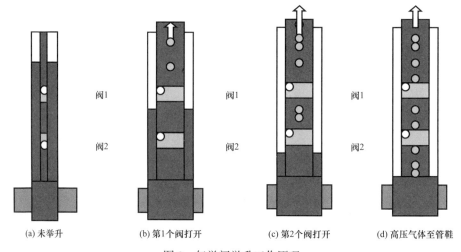

(a) 未举升　　(b) 第1个阀打开　　(c) 第2个阀打开　　(d) 高压气体至管鞋

图 2　气举阀举升工作原理

（蒲春生　郑黎明　于乐香　吴飞鹏）

【求产设备 finding production apparatus】 实现试油作业中求产功能的设备的总称。求产设备主要包括修井机、地面分离器、抽油泵、测液面工具以及各种辅助管汇、阀门、控制系统等。

【地面流动控制装置 surface flow control unit】 测试过程中，将地层流体有控制地引导至分离器或燃烧器的装置。又称地面测试计量控制装备。主要包括投杆器、高压控制头、活动管汇、钻台管汇和显示头等（见图）。该装置可以安全有效地控制流体的压力和流量，而不妨碍旋转或提放管柱。

由于地层测试中，地层流体压力、产能的不确定性，地面测试计量控制设备一般在承压级别和处理量大小方面具有较宽的适应范围，同时应能满足一些特殊井的测试要求，如防 H$_2$S 设备、加装除砂装置、对高产和高压井加装地面紧急关闭系统及配备适合的地面加热装置等。为配合地层测试而建立的临时性的地面测试计量流程的各个组件，满足便于安装和拆卸的特性；同时，根据不同的测试类型及要求，地面测试计量控制设备可进行组合和简化，以建成符合要求的地面测试计量流程。

（蒲春生　郑黎明　于乐香　吴飞鹏）

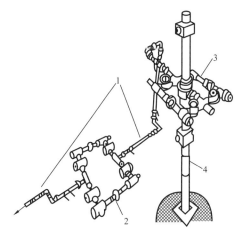

地面流动控制装置

1—活动管汇；2—钻台管汇；3—高压控制头；
4—投杆器

【井口控制头 well control head】　连接在测试管柱最上部的地面控制装置，是实现在井口开关井和下入电缆工具的控制机关。井口控制头既可让地层流体经它流向分离器，又可经它向井内泵入流体，通常配有旋转短节、提升短节。可以分为旋转控制头和不旋转控制头；又可分单翼控制头和双翼控制头两种，一般双翼控制头用于高压高产油气井测试。井口控制头没有固定的组合形式，可以根据不同地区、不同压力、不同管柱选择和组合或不同形式。

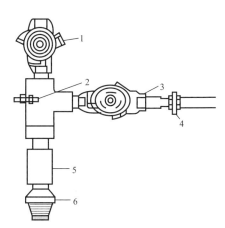

图 1　单翼控制头结构示意图

1，3—旋塞阀；2—投杆挂；4—活接头；
5—旋塞接头；6—钻杆接头

单翼控制头　一般由两个低扭矩旋塞阀、旋转接头及活接头等组成（见图 1）。其下部与钻杆连接，旋转接头可以保持上部的控制头不动，而下部的钻杆转动，把冲杆松开，使冲杆下坠砸断反循环的断销，即可进行反循环。油嘴总成是起过滤和节流作用的，也可以临时变换油嘴尺寸。

双翼控制头　双翼控制头的阀配置是4 个阀排列成十字形，下部是手动阀，即主阀，上部手动阀是抽汲阀，两侧的阀分别叫流动翼阀和压井阀（见图 2）。流动翼阀通常是液控无故障常关阀，被控制面板所控制，或在紧急情况下被 ESD 系统控制。压井阀是用于泵入压井液到井筒中，或用固井泵增压进行地面测试设备的试压，要求能够承受 69～103MPa 的压力。双翼旋转控制头的旋转头及主阀和 4 个低扭矩旋塞阀所组成的双翼流动管汇，旋转头是可以旋转的，主阀是由两个球阀组成。由于球阀具有大通孔的特点，因此，这种控制头还可以进行钢丝作业。双翼旋转控制头在自喷井测试时，不必关井就可更换油嘴。一般地说，双翼旋转控制头用于高压高产油气井测试，其中工作压力为 70MPa 和 105MPa，试验压力则为 105MPa 和 140MPa。

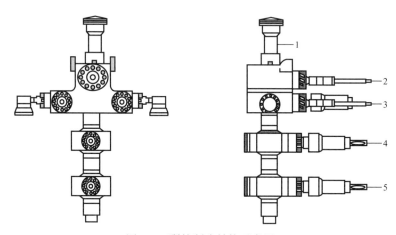

图 2　双翼控制头结构示意图

1—105MPa 地面井口控制头；2—抽汲阀；3—流动和压井双翼阀；4—主阀；5—下主阀

（蒲春生　郑黎明　于乐香　吴飞鹏）

【**地面计量数据头** data header of surface measurement】　试油时用来采集井口压力和温度数据，并在需要时在此注入化学药剂的井口装置。通常连接在油嘴管汇的进出口处，连接方式有卡箍、法兰和活接头（见图），现场常用的有 35MPa、70MPa、105MPa 和 140MPa 4 种压力等级。根据其连接位置不同分为上游数据头和下游数据头等，对于需要防硫腐蚀情况，还需要防硫数据头。地面计量数据头多为防硫材质，上游数据头工作压力 105MPa，下游数据头工作压力 35MPa。

地面计量数据头作用：（1）通过使

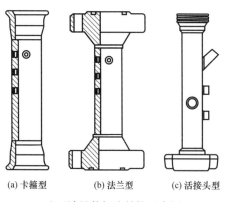

(a) 卡箍型　　(b) 法兰型　　(c) 活接头型

地面计量数据头结构示意图

用压力温度记录仪、静重仪、压力表和数据采集系统记录压力和温度；（2）连接高、低压传感器；（3）提供化学注入孔；（4）监测油嘴上下游压力降；（5）可接入供选择的自动油嘴压力感应孔；（6）可接入在线探头（监测含砂量）。

（朱礼斌　邓国振　于乐香　郑黎明）

【除砂器 desander】 能安全地从压裂返排液中除掉大量固相的装置。利用离心泵和重力分离，通过采用不同等级的加固滤网过滤固相，防砂器从出砂地层测试流体中清除产出砂、计量地层的出砂量，能有效地防止下部流程地面测试设备的损坏。滤网心是由不同等级的滤网筒和加固外层复合而成，放入耐压的工作筒中，并有可靠的结构做支撑。除砂器结构如图所示。

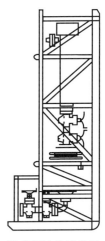

除砂器结构示意图

模块式橇装除砂器为双工作筒，配有完整的转换管汇和旁通系统，隔离阀为 70MPa 的闸阀。使用时两个工作筒轮流进行。其处理能力受除砂器外筒尺寸和流体黏度的限制，除砂范围取决于滤网孔轻，为适用不同作业，应备有不同规格的滤网。外部的差压表可目测除砂器的工作情况。需要清除一个工作筒的固相时，只需将流体倒向另一个工作筒，利用橇体上的提升设备将工作筒中的滤网总成起出进行清洗，可重复使用。

（蒲春生　郑黎明　于乐香　吴飞鹏）

【地面数据采集系统 surface data acquisition system】 对地面流程状况实施实时监测、报警、实时回放各项参数等的设备系统。通常由许多传感器和计算机系统组成。采集数据包括井口油压、套压、节流管汇各级压力、温度、上流压力、上流温度、下流压力、下流温度、液体流量、气体流量等。

测试目的是为了取全取准各种资料，以便能对被测试井做出一个比较正确的评价，并为今后该井所处的油气田区块的勘探开发提供理论依据。地面数据采集系统应用于高压深井放喷测试作业，必须能安全、准确、全自动获取详尽的测试资料并加以处理和打印，避免测试时人为读取数据的误差及各资科录取时的不同时性，随时监测整个测试流程安全状态，提供安全报警，以便能在测试过程中遇到异常情况及时做出反应，采取适当的控制处理措施，减少高温高压井测试的不安全因素，以确保测试作业安全顺利进行。

（蒲春生　郑黎明　于乐香　吴飞鹏）

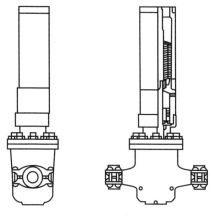

ESD 地面安全阀结构示意图

【**紧急快速关闭系统** emergency shut down system】 一种在紧急情况下关井对油气井测试和处理系统进行安全保护的系统，又称 *ESD 系统*。在收到第一个感应信号（如来自高 / 低压感应器、远程 ESD 控制点等）2s 内，关闭地面测试树上的液控安全阀或地面安全阀，截止上游压力。主要由控制面板、地面安全阀及各类感应器、气控开关组成。地面安全阀一般安装于井口与地面节流管汇之间的地图流程中，结构如图所示。

（蒲春生　郑黎明　于乐香　吴飞鹏）

【**地面计量油嘴管汇** chock manifold of surface measurement】 通过固定油嘴或可调油嘴对地层流体进行节流减压的管汇。用于地面计量中，采用地面计量油嘴管汇将井内流体进行有效的控制，从而达到安全计量和安全放喷的目的，并根据上下数据头的数据采集，获得油井流体流动的压力、温度等数据。一般为双翼式，分别安装可调式油嘴和可更换式固定油嘴（见图）。标准的油嘴管汇配备有 $\phi 50.8mm$ 固定油嘴和 $\phi 50.8mm$ 可调油嘴。

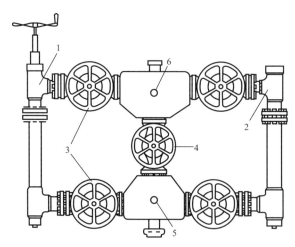

双翼油嘴管汇结构示意图

1—可调油嘴；2—固定油嘴；3—旁通闸门；4—直通闸门；5—取样口；6—预留口

地面计量油嘴管汇实现对地层流体进行节流，使油气井在不同工作制度下求产。在稳定流速下，为便于精确的产能测试分析，通常使用固定油嘴，选用的油嘴尺寸需维持油嘴上下方的临界流动状态；可调油嘴仅在流动早期或洗井时使用。

选择油嘴系列应考虑：（1）各个油嘴的井底流动压差充分拉开；（2）最大油嘴的井底流动压差不致引起出砂而影响测试；（3）若为凝析气层，最大油嘴的井底流动压力大于反凝析压力；（4）通常情况下，最大油嘴井底流动压差不大于地层压力的35%；（5）最大流量符合地面管线和设备的处理能力，符合测试安全要求。

（朱礼斌　邓国振）

【地面计量安全释放阀 multi-sensor relief valve of surface measurement】 在试油过程中，压力过载时快速排放流体，保护下游设备的阀。主要由出口、调载活塞、芯轴节流器、内芯轴、球阀座、入口、球阀、压力传递口等组成（见图）。地面计量安全释放阀是地面计量装置的一种压力保护装置，不受现有安全阀的限制，当系统压力超过安全阀的设定值时它会自动泄压来保护系统。

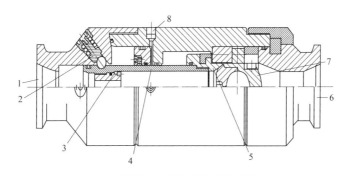

地面计量安全释放阀结构示意图

1—出口；2—调载活塞；3—芯轴节流器；4—内芯轴；5—球阀座；6—入口；7—球阀；8—压力传递口

当地面计量装置内部发生故障时，流体分解产生大量气体，造成地面计量装置内压力急剧升高，会导致地面计量装置破裂。安全释放阀可及时打开，排除部分地面计量装置内部的流体，降低装置内的压力，待装置内压力降低后，安全释放阀将自动闭合，并保持地面计量装置的密封。它的球阀结构通过感应井筒压力的初级压力传感孔来控制开关，这些压力传感孔连续监测流程内的压力，当压力超过孔内破裂盘的预设压力值时，阀内的液控管线将打开泄压阀。

（朱礼斌　邓国振　于乐香　郑黎明）

【地面计量化学剂注入泵 chemical agent injection pump of surface measurement】 一种以压缩空气为动力，用于注入化学药剂的薄膜柱塞泵。主要由气出口、压力表接口、泵壳、连接头、导阀与调速器连接线组成（见图）。主要作用是地面计量时需要从上游数据头注入甲醇或乙二醇防冻液，以免形成天然气水化物堵塞管线，增加了系统的可靠性和油嘴上下方的压力降范围；当原油起泡严重、影响分离效果时，也可利用该泵注入消泡剂。

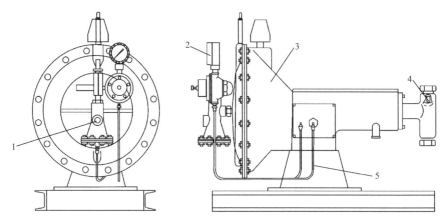

地面计量化学剂注入泵结构示意图

1—气出口；2—压力表接口；3—泵壳；4—连接头；5—导阀与调速器连接线

化学剂注入泵一般与上游数据头相连，其排放压力最高可达105MPa，排量0.01～0.19m³/h，气动马达所需气压为0.69MPa。

（朱礼斌 刘振庆 郑黎明 于乐香）

【**地面计量管汇** pressure manifold of surface measurement】 地面计量作业时，在地面为地层流体提供流动通道的管汇总称。主要用于引导油气水地面的定向流动和设备间的沟通，有105MPa、70MPa、35MPa和10MPa等不同的压力级别。由直管、弯管、活动弯头、死弯头、变径接头和管汇组组成。管汇组（油、气分流管汇）由出口、入口、球阀等组成（见图）。

油气分流管汇示意图

1—出口；2—入口；3—出口；4—球阀；5—入口；6—出口

在地面计量作业中，高压管汇一般用在从井口到分离器之间的设备连接，低压管汇用在分离器以下的设备连接。对于含H₂S的流体，应采用防硫地面计量管汇。

（朱礼斌 刘振庆）

【**地面加热器** surface heater】 将原油、天然气、油水混合物、油气水混合物加热至工艺所需温度，满足流体在管阀中的正常流动和在分离器中正常分离的加热设备。按热传导方式分为直接蒸汽热交换器和间接式热交换器；按结构分为管式加热器和火筒式加热器；按使用的燃料分为燃油加热器、燃气加热器和燃油、燃气加热器。试油过程中，地面加热器除对产液加热降低黏度、减少结蜡外，还可避免因油气节流降压、体积膨胀产液冷却而产生水合物。

不同类型的加热器其结构原理不尽相同。陆上油田多采用火筒式间接加热器，海上平台出于安全考虑多采用直接蒸汽热交换器。

火筒式间接加热器（俗称水套炉）通过燃烧器使燃料在燃烧室内燃烧，产生的热能经中间介质（水）传递给盘管内的地层流体，使地层流体温度升高，加强流体的流动性和在分离器内的分离效果。入口流体节流阀控制进入加热器盘管内的流体流量，加热器控制仪控制加热器的工作状况，二者共同决定被加热流体的升温幅度。

直接蒸汽热交换器采用蒸汽作为介质，蒸汽走壳程，原油走管程；或蒸汽进管程，原油进壳程。蒸汽直接与油气管线接触换热。

间接式热交换器与直接蒸汽热交换器相比较，同样的换热量，间接式热交换器体积比直接蒸汽热交换器大。

（朱礼斌　刘　平）

【分离器 separator 】　进行油、气、水分离的装置。分离器对油、气、水的分离作用是由于流体密度的不同而产生的，密度大的成分落到容器底部，密度小的成分上升到容器顶部。分离过程包括气体从液体中的分离和油从水中的分离。分离器是地面计量流程的基础和核心，对地层流体的分离和计量也大多通过操控分离器来实现。

分类　分离器可以是两相（气、液）或三相（气、油、水），也可以是立式或卧式的。一般试油常用两相分离器，高产油气井常采用两相分离器和三相分离器，根据气的产量和流体性质来选择。分离器的压力等级是按照一定的标准设置的。分离器的容积是根据压力和预测的油气量来选择的。

分离器选择　对于自喷油层必须先经过三相分离器、两相分离器或多功能罐将油气分离，再分别进行测气、量油操作；对于自喷油水层则可直接经过三相分离器将油、水、气分离，三相单独计量，也可通过两相分离器或多功能罐将液气分离，再进一步将油水分开单独计量。而对于非自喷井由于不强调产气量资料的录取，则可以采用任何一种计量方法。

分离器处理能力与所分离流体的性质、分离条件以及分离器本身结构尺寸有关，对于一定性质和数量的处理对象，则取决于分离器的类型和尺寸。选择分离器类型应主要考虑井内产物的特点。例如，对于气水井和泥砂井，适宜选用立式油气分离器；对于泡沫排水井适宜选用卧式分离器；对于凝析气井，则使用三相分离器较为理想。

（郑黎明　于乐香）

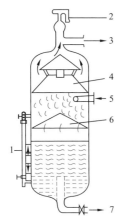

两相分离器结构示意图

1—高压玻璃管；2—安全阀；3—出气口；4—散油器；5—液体进口；6—分离伞；7—出油口

【两相分离器 two phase separator】　进行气、液两相分离的装置。典型的试油两相分离器主要由高压玻璃管、安全阀、出气口、散油器、液体进口、分离伞和出油口等组成（见图）。

油井中出来的油气混合物进入分离器，喷洒在分离伞上，靠油、气、水的密度不同进行分离，分离出来的气体再经过两层分离伞除去夹带的油滴，从顶部出气管流出，沉降下来的油和水，经计量后由出油口排出，并与分离出来的气体重新混合，进入集油干线输走。在分离器侧壁装一高压玻璃管，和分离器构成连通器，预先在分离器底部装上一部分水，油气进入分离器后，根据连通器平衡原理，随着分离器内油水量的增加，玻璃管内的水柱也不断上升，但由于油水密度不同，上升高度也不同，由于已知分离器的内径和水的密度，根据连通器的原理，便可求出分离器中油的质量。

（郭继岩　王树龙　郑黎明　于乐香）

【三相分离器 triphase separator】　在地面使地层流体中的油、气、水三相分离，准确计量其产量的装置。分为立式、卧式、球形三种形式。为搬运方便起见，通常求产计量多采用卧式分离器。典型的卧式三相分离器内部结构主要包括：入口分流器、消泡器、聚结板、涡流消除器、除雾器等（见图）。

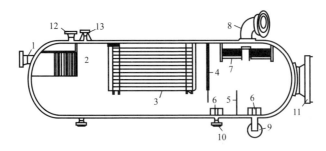

典型卧式三相分离器结构示意图

1—液体进口；2—反射偏转板；3—聚结板；4—消泡器；5—油水挡板；6—涡流消除器；7—除雾器；8—天然气出口；9—原油出口；10—水出口；11—入口；12—安全阀；13—破裂盘

当地层流体进入三相分离器时，首先遇到入口分流器，使液体与气体得到初步分离，夹带大量液滴的气体经聚结板进一步分离后，再经过消泡器和除雾器，得到更进一步的净化，使其成为干气而从出气口排出。排气管线上设有气控阀控制气体排放量，以维持容器内所需的压力。在重力作用下，由于油水密度差，自由水沉到容器底部，油浮到上面，并翻越油水挡板进入油室，浮子式液位调控器通过操纵排油阀控制原油排放量，以保持油面的稳定。分离出的游离水通过油水界面调控器操纵的排水阀排出，以保持油水界面的稳定。

分离出的气体，通过安装在分离器上的丹尼尔孔板节流装置形成压差，由巴顿记录仪连续记录静压、温度和压差的值，经人工或流量计计算出气体的产量。分离出的油和水，通过安装在分离器上的液体流量计测得其产量。

稳定的分离器压力、油液位和油水界面，是实现油、气、水三相分离和计量的前提。

三相分离器是试油气水三相分离计量系统的基础和核心，对地层流体的分离、计量也大多通过操控分离器来实现。

（朱礼斌　刘　平）

【油气水三相分离计量系统 three phase（oil, natural gas and water）separating and metering system】 在地面对地层油气水进行控制、处理、分离计量的装置。在自喷井测试过程中，为求得地层流体的井口压力、温度、产量等参数，需要建立一套临时生产流程，在一定的工作制度（油嘴）下，通过对流体流量、压力的控制以及必要时对流体进行处理（化学剂注入、加热等），并借助于分离器将流体各相（油、气、水）分离开，分别精确计量，最终求得该工作制度下油、气、水的产量、压力和温度等数据。

试油油气水三相分离计量系统不同于采油、采气等永久生产流程中的分离计量系统，它更易于运输、安装和拆卸，所有各部件能实现便捷可靠的连接，各种设备和仪器、仪表能适应经常性的野外运输与作业。由于地层流体压力、产能的不确定性，计量系统在承压级别和处理量大小方面具有较宽的适应范围。计量系统不仅满足普通井的测试要求，还能胜任一些特殊井的测试要求。如地层流体含 $H_2S$，要选用全套防 $H_2S$ 设备；地层出砂要加装除砂器；高压、高产油气井则应考虑加装地面计量紧急关闭系统；稠油井和含水气井要配备合适的地面加热器等。但是，有时出于经济性考虑，或对井的产能液性有初步了解，可能对流程进行取舍和简化。最简易的地面计量流程至少应包括井口（可更换油嘴）、连接管线和三相分离器。

试油油气水三相分离计量系统已向自动化程度高、处理能力和系统承压能力强、信息无线远程实时传输方向发展。

（朱礼斌　刘　平）

【计量罐 measuring tank】 用于准确计量地层产出液体体积的标准计量装置。试油过程中，连接在试油三相分离器的下游，对带压流体经过二次分离测定液体的准确体积，可在现场标定分离器的流量计，也可单独用于不宜进分离器求产和非自喷井试油的液体计量。分为承压计量罐（缓冲罐）和常压计量罐两种类型。计量罐是内壁光滑平直、具有最简单的几何形态的容器，如正方形、长方形、圆柱形等。在计量罐上垂直镶嵌段透明材料，在油水同出的情况下，就很容易观察油水界面，分别计算油和水的产量。

承压计量罐一般由罐体、进口、液位计、安全阀、压力调节和自动控制系统、小气量计量系统、液体出口、入孔和内部加热系统等组成。根据需要，可为立式或卧式，容积各不相同，工作压力范围在 0.3447～1.7234MPa 之间。

承压计量罐作为计量罐使用的同时，也是一个低压的试油两相分离器，可将液体中没有分离干净的气体在低压下进行二次分离，气体送至燃烧系统燃烧，当井内产出流体中含有毒、有害气体时尤为重要。

常压计量罐和承压计量罐的功能类似，只是罐体不能承受压力，没有压力控制系统和气体计量系统，在罐顶部的呼吸口上设有阻火器和呼吸阀，保证罐体内部的安全。气体出口通过专用管线引到安全地区或燃烧。

用计量罐量油是一种传统的简便方法，便于使用和计算，使用范围比较广泛。计量罐可用于自喷井的连续求产，多数用于非自喷井和间喷井的计量。为了确保计量准确，一般依据油井产量选择计量器具。对于日产液量低于 $2m^3$ 的井，采用容积为 $2m^3$ 的方形计量池计量。对于日产液量大于 $2m^3$ 的井，一般直接用储油大罐计量。该罐一般为圆柱体或方罐，内部靠下有圆柱体状的穿心管及加热炉（见图）。

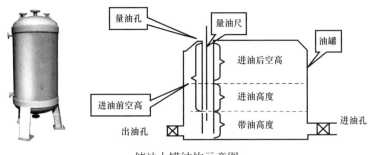

储油大罐结构示意图

（张文胜　王树龙　郑黎明　于乐香）

【**储液罐** liquid storage tank】 用来储存液体的装置的总称。又称油井多相存储器、多功能罐。分为密闭罐和敞口罐。储液罐主要由罐体、液气计量机构、压力直读表、油气分离装置、安全阀、加热装置、防盗装置及内部密封流程系统组成（见图）。

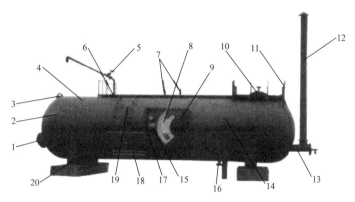

储液罐结构示意图

1—人孔；2—封头；3—吊环；4—罐体；5—扫线口；6—出油口；7—安全阀；8—直读式计量装置；9—防护罩；10—分离器；11—平台护栏；12—烟筒；13—天然气出口总成；14—进油口；15—压力表接管；16—排污口；17—温度计套管；18—加热盘管；19—梯子；20—底座

早期的陆地试油采用的储液罐大都是敞口罐。随着人们对环保意识的增强，在环保敏感地区大都采用密闭罐作为储液罐，防止液体溢出造成环境污染。

在海上试油时，由于平台面积小，安全距离小，对环保要求更为严格，均采用密闭罐作为储液罐。同时，为了保证安全，防止可燃、有毒、有害气体泄漏到平台甲板面上，在储液罐呼吸孔上安装阻火器及呼吸阀，并且把气体出口用管线连接到安全区域放空或燃烧。储液罐上还要安装蒸汽加热系统、防静电装置和液位计等。

虽然试油用储液罐和集输用储罐均具有储存功能，但使用功能、位置和具体构造具有差异。前者储液罐直接接井口来液，起到分离、计量、暂时存储功能；而后者是在集输站进行原油处理后，对原油或化工用原料进行储存，功能性更为侧重大容量储存。

（张文胜　王树龙　郑黎明　于乐香）

【**高压物性转样装置** PVT transfer unit】 用来对装有地层样品的深井取样器进行夹持加温，并将地层样品进行转移的装置。分为闭路和开路。闭路方法：样瓶中的预置液在活塞的推动下经转样台、转样泵、取样器，形成一个循环；开路方法：样瓶中的预置液不进入循环。转样时，转样泵打压，压力从左侧高压软管管线进入取样器，推动取样器活塞，活塞挤压地层样，并通过右侧转样接头进入单相样瓶，进入样瓶的地层样同样推动样瓶的活塞，样瓶活塞挤压预置液通过接在样瓶底端高压软管管线进入转样泵，从而完成闭路循环。

（蒲春生　郑黎明　于乐香　吴飞鹏）

【试油井下仪表 well test downhole instruments】 用于试油工程中，在油、气、水井井底录取压力、温度、流量等参数随时间变化的仪表。主要有井下压力计、井下温度计、井下流量计和井下取样器等。根据工作原理的不同，又可分为电子式仪器和机械式仪器。进行试井时温度计往往与压力计配合使用，进行生产测井时采用以上仪器组合成多参数生产测井仪，用电缆下入井内同时测取不同深度的井底参数。

（庄惠农　于乐香）

【井下压力计 downhole pressure gauge】 用于试油工程中，在油、气、水井井底（其深度可达若干千米）处流体压力的仪表。当油、气、水井开井生产时，测得的是流体流动状况下的压力，称为流动压力，简称流压；当油、气、水井关井时，测得的是静止状况下的压力，称为静止压力，简称静压；如果该井已长时间关井，仪器下入的又是产层部位深度，则录取到的压力就是储层的压力；如果被测的油、气井是处于开井后压力降落过程，或是处于关井后的压力恢复过程，则录取到的压力就是井下的不稳定压力或称瞬变压力。井下压力计分为井下机械式压力计和井下电子式压力计两大类。

井下机械式压力计　井下机械式压力计以弹簧或弹簧管（波登管）为压力传感部件，把压力变化转化为直线位移或旋转位移，同时以钟机为计时机构，把压力与时间的关系刻画到一张记录卡片上。当把压力计取回地面以后，再用读卡仪把压力随时间变化曲线转换为数字记录。机械式压力计中还有一种专门用于干扰试井和脉冲试井的井下微差压力计，可以连续测量井底微小的压力变化差值。根据感压元件和记录方式的不同，机械式井下压力计可分为弹簧管式井下压力计、弹簧式井下压力计和其他类型机械压力计三种。

井下电子式压力计　已逐渐取代机械式压力计，用于油气田井下测压。电子式压力计应用的压力传感器类型非常多，例如石英晶体谐振式、硅—蓝宝石式、金属丝应变式、应变片式、电容式、电感式、振弦式等。一般电子压力计输出的均是频率信号，并通过计算机软件转换为数字形式表达的压力值。这类仪表根据工作方式的不同又可分为直读式和存储式两种：直读式压力计用电缆下入井内，在地面用压力记录仪直接读取井底压力及其变化数据，存储到磁盘内。这种压力计可以长期固定安装于井下，也可以根据测试需要随时用铠装的试井电缆下入井内工作；存储式电子压力计则用录井钢丝把压力计下入井底，压力计由锂电池供电，通过事先编好的程序控制仪器在井下工作，待压力计取出井口以后，再对所记录的数据进行回放。

（庄惠农　于乐香）

【井下温度计 downhole temperature indicator 】　用于试油工程中，在油井、气井、水井录取温度参数随时间变化的仪表。在井下压力计中一般同时配置井下温度计，有时也单独下入井下温度计（一般是机械式的井下温度计）测量井下温度。井下温度计常用的有三种类型：

（1）最高水银温度计。类似于体温计的一种记录最高井温的温度计。由于最高井温一般存在于最深的测量点位置，因此记录的是下入最深位置的井底温度。

（2）机械式温度计。从结构上来说类似于弹簧管压力计，不同的是感压元件代之以"感温包"，用来记录井内温度随时间的变化。

（3）电子式温度计。应用最广的井下测温仪表，其测温基本原理分别是：① 铂电阻温度计。利用铂、铜等金属物质电阻与温度之间的线性关系制成温度传感器，记录井筒中的温度随时间变化。测温范围大致在 0～630℃。② 半导体热敏电阻温度计。利用半导体的热敏电阻特性制成温度计，记录井下温度变化。测温范围是 100～300℃。③ 热电偶温度计。利用不同金属线接触点间在不同温度下产生的电势不同，测量井内的温度。测量的温度范围可达 2800℃，因此可用于注热蒸汽等特别高温的环境。

（庄惠农　于乐香）

【井下流量计 downhole flowmeter 】　一种测量井筒内特定位置流体流量的仪器。对于注水井来说，用来测量自上而下流过的注入水量；对于生产井来说，用来测量自下而上流过的产出流体的流量，包括油、气产量和所含水量。

井下流量计具有广泛的应用范围：（1）测量注水井的吸水剖面；（2）测量油气生产井的产液剖面；（3）与密度计、持水率计配合使用，可以测量合采井的分层含水量、气油比、水油比等。所取得的这些资料，可以为调整注采井的工作制度提供依据。在石油工业生产中，从石油的开采、运输、炼冶加工直至贸易销售，流量计量贯穿于全过程中，任何一个环节都离不开流量计量。

流量计分为浮子式流量计、涡轮式流量计、差压式流量计、转子流量计、节流式流量计、细缝流量计、容积流量计、电磁流量计、超声波流量计等。按介质分为液体流量计和气体流量计。

浮子式流量计　为早期应用的一种机械式流量计。这种浮子式流量计往往与偏心配水器配合用于注水井分层测试。如果被测量的井是生产井，流量是自下而上的产出量，这种流量计的浮子及锥管部分采取了倒置的形式，同样可以测量流体的采出量，结构示意图如图 1 所示。

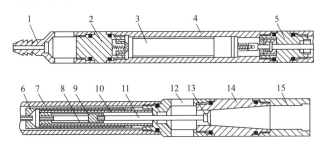

图 1　浮子式流量计结构示意图

1—绳帽；2，3—钟机部分；4—外壳；5，6，7，8—记录部分；9—测量弹簧；10，11，12，13，14—测量浮子及锥管；15—接头

涡轮流量计（ILS）　涡轮流量计是一种电子式的流量计，是一种速度式流量仪表，具有贯通的电连接，当与满井眼流量计组合测量时，在线涡轮流量计允许油管和套管内的产量剖面一次测井完成，它还可以作为流量计的备份，特别是在水平井测井中由于井内的钻屑可能会损坏满井眼流量计的情形。

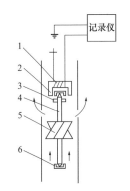

图 2　涡轮式流量计变送器结构示意图

1—感应线圈；2—线圈铁芯；
3—永久磁铁；4—涡轮轴；
5—涡轮；6—轴承

涡轮流量计由涡轮流量变送器、脉冲信号放大装置和数字累加机构三部分组成。涡轮流量变送器由涡轮、导向管、壳体、感应接受放大器组成，其结构示意图如图 2 所示。

刮板流量计　是容积式流量计的一种，主要由主体外壳、计量室、转子、侧面法兰板及计量器五部分组成，如图 3 所示。流量计壳体内是一圆柱形空筒，转子上有三个互成 120° 排列的刮板，每个刮板一方各有一个活页销，中间装有一个带拨杆的弹簧用来使刮板与叶片相连接。这三个叶片都可以在各自带拨杆弹簧的作用下，随着转子的旋转，在流量计内腔中做上下伸缩运动，若一个叶片从其刮板上伸出，则另一个刮板上的叶片就要缩进去，形成了一个扇形空间计量室。当流体通过计量室的扇形空间排出后，刮板便离开了计量室，它随着转子的转动而使叶片慢慢地缩回去。与此同时，另一个刮板上的叶片则慢慢地从其刮板上伸出进入计量室，从而形成了新的扇形计量空间。液体通过流量计时，由于管线内压力差和流体动力的作用使转子转动，刮板所形成的扇形计量空间不断地排出计量室的液体。因此，转子转完一周送出液体的体积是一定的，转子的转速通过变速齿轮传到计数器，从而实现对液体的计量。

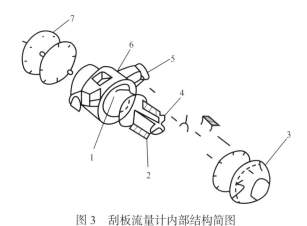

图 3　刮板流量计内部结构简图
1—计量室桥接；2—转子；3，7—端面法兰；4—叶片；5—进口；6—主体外壳

罩式贯眼流量计（CFB）　罩式贯眼流量计能在偏心井和水平井中使用，它的绞盘进行了特殊的安全处理。它可被连接在工具串的底部，提供精确的流体数据信息。外部臂形状像 6 个弓形弹簧，折叠机械臂内有附加的软弹簧，能够承载仪器的重量。当下井或出井需要时，可以折叠起绞盘和套筒。

连续流量计（CFSM）　转子装在精密的滚珠轴承上，流体流过时带动转子转动，这种转动被霍尔效应传感器转换成脉冲信号。这种脉冲被用来计算流量和流体方向（上流或下流）；流量计需要很低的启动能量，对低速流体测量较为理想。转子总成的设计和机械结构经优化以适应很高流速、产沙和高黏性流体等情形。选择不同的外壳和转子尺寸，以适应井眼和流体状况。连续流量计接在测井仪器串底部，以监测井下流量。

全井眼流量计　该工具有 3 臂的弹性笼，把转子笼在流体中央，并在斜井中支撑工具的重量。大直径叶轮通过大部分截面覆盖来测量管内流量。转子由精密轴承旋转，并由零漂移的霍尔效应探测器感应。传感器信号被转换成流量测量。低启动排量使得该工具可以适用于低流量的测量，标准的输出是每转 10 脉冲，带方位指示。全井眼流量计接在生产测井仪器串底部，转子叶片和笼子可弹性缩闭到工具本体直径，可以无损坏地穿过油管接头。

气井用漩涡流量计　计量天然气流量的装置，分为普通型和智能型两种漩涡流量计。当沿着轴向的流体进入流量传感器入口时，在漩涡的作用下，被强制围绕中心线旋转，产生漩涡流，漩涡流在文丘里管中旋进，到达收缩段突然节流，使漩涡流加速，当通过扩散段时，漩涡中心沿一锥形螺旋线前进。此时，

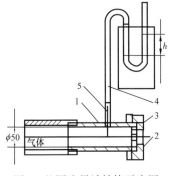

图 4　垫圈流量计结构示意图
1—测气短节；2—孔板；3—压帽；
4—胶皮筒；5—U 形管压力计

漩涡中心通过检测点的进动频率与流体的流速成正比，由压电传感器检测到的漩涡流进动频率信号经放大、滤波、整形后转换成流量值进行就地显示或信号远传。

**气井用垫圈流量计**　垫圈流量计只适用于较小的气体流量，当 U 形管内盛水时，只适用于 3000m³/d 以下的气体流量，当 U 形管内盛水银时，可测量 3000～8000m³/d 之间的气体流量，它具有结构简单、携带方便等优点。垫圈流量计由 2in 的测气短节、垫圈（孔板）和 U 形管压差计所组成（见图 4）。

（蒲春生　郑黎明　于乐香　庄惠农）

【**井下取样器 downhole sampler**】　在油、气、水井井底获取接近油层条件下流体样品的仪器。通过对获取的样品进行室内化验分析，可以得到地层状态下的流体物性，用于试井解释和油气田开发方案设计等。井下取样器是油气田现场非常重要的一种仪器，只有用它才能获取接近地层原始状态的油气样品，并通过室内分析化验，确认油气的原始组成成分和比例，在地下压力、温度状况下的黏度、密度等基本性质，从而为油气田开发提供基础数据。

现场常用正控取样器、RD 全通径取样器和膨胀式测试工具取样器。

**正控取样器**　用于膨胀式测试工具，接在液力开关工具下方，由液力开关底部的控制芯轴带动它进行动作。在终流动结束时能收集地层流体样品 2000cm³（见图 1）。

**RD 全通径取样器**　是一种用于钻杆测试的全开式、全通径内套筒取样器（见图 2），当环空压力达到预定压力值时，取样器就会被关闭。取样器在关闭取样后，仍然保持全通径性能，几个取样器可以连接到同一管柱中，在测试作业中设定不同取样时间。

**膨胀式测试工具取样器**　取样器主要由上接头、下接头、放样器、夹套和

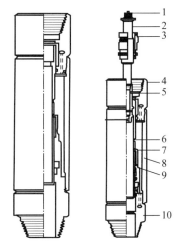

图 1　正控取样器结构示意图
1—单流阀导销；2—控制芯轴；3—密封套；4—上接头；5—控制芯轴头；6—滑套；7—滑套夹头；8—筒体；9—密封头；10—下接头

芯轴等组成（见图 3）。取样器与液压工具连接前，应仔细检查夹套是否装入上接头的凹槽内，若夹套未装入凹槽内，液压工具中的取样芯轴就不能正确地与夹套连接，结果是取样芯轴下行受阻，不能完成开井动作。放样的方法步骤与 MFE 工具放样相同。

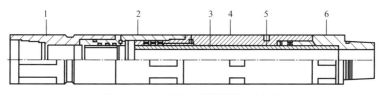

图 2　RD 全通径取样器结构示意图

1—上接头；2—取样外筒；3—芯轴；4—破裂盘外筒；5—破裂盘；6—下接头

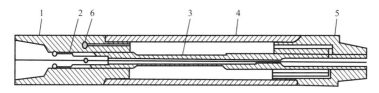

图 3　膨胀式测试工具取样器结构示意图

1—上接头；2—下接头；3—芯轴；4—外筒；5—下接头；6—放样器

（郑黎明　于乐香　庄惠农）

【压力温度记录仪 pressure and temperature recorder】 记录压力温度变化的仪器。分为机械压力温度记录仪和电子压力温度记录仪。在地层测试过程中，压力温度记录仪安装在井下测试管柱上。

　　机械压力温度记录仪　常用的机械压力温度记录仪有 200-J、BT、RPG-3 等，其中 200-J 压力温度记录仪使用较为广泛。200-J 压力温度记录仪是一种活塞—弹簧式机械压力温度记录仪，压力作用在与弹簧连接的活塞上，活塞位移与压力大小成正比，活塞的端头装有记录笔，在机械时钟带动装有金属卡片的记录筒转动下，记录随时间变化的地层压力曲线。

　　200-J 压力温度记录仪由压力装置、记录装置和温度记录仪三部分组成。记录装置包括记录筒、时钟及外壳等。时钟一般按额定工作时间分为 48h、96h 和 192h 三种。温度记录仪在压力记录仪的下部，是一种留点式最高温度记录仪。

　　电子压力温度记录仪　主要由传感器、模数转换电路、数据处理与存储电路、供电电路、电池筒及外筒组成。按应用方式不同可分为直读式、存储式、直读存储两用式电子压力温度记录仪。按压力传感器类型不同分为应变式和石英式电子压力温度记录仪。当接收到压力、温度变化时，传感器以电压或电流变化形式输出，经模数转换电路处理，变成数字频率信号，进行井下记录或传输到地面进行处理。在实际应用中，电子压力温度记录仪通过通信接口与计算机连接，进行编程、回放及地面直读录取数据。主要性能指标为：压力量程、温度量程、精确度、分辨率、稳定性和存储容量等。

（庄建山　刘　铮）

【封层设备 zonal isolation apparatus】　试油作业中用于封堵油层的设备总称。主要包括井下管柱、水泥车、打桥塞（电缆、油管）工具、丢手器等。

（蒲春生　郑黎明　于乐香　吴飞鹏）

【桥塞 bridge plug】　一种用于封堵井下油气水层的井下工具。对于油气井，射开一个层后，采用替喷（或诱喷）、气举或抽汲等手段取得可靠的地层数据后，需将该层封死上返对第二层进行试油，这时可采用桥塞作为封堵工具，逐层上返。桥塞试油的实质是用桥塞代替水泥塞，其工艺和录取资料的方法与水泥塞相似。但与水泥塞相比，方法简单、使用方便、缩短作业周期、减少对油层的伤害和井下事故的发生，尤其是随着深部油气层的勘探和开发，多层油气井的增多，在试油过程中，遇到高压油、气、水、大漏层及层间距很小时，桥塞试油更显其优越性。

桥塞分为可钻式桥塞和可取式桥塞（或称丢手封隔器），根据下入工具的不同又可分为电缆投送式桥塞和油管投送式桥塞两种。

（郑黎明　于乐香）

【丢手器 release device】　一种跟液压封隔器配合使用，实现井下管柱的分离的工具。分为机械丢手器和液压丢手器两种。

机械丢手器　由上接头、换仪销钉、芯轴、组合密封、外筒、下接头、螺钉、"O"形密封圈等组成（见图1）。

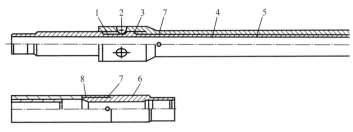

图 1　机械丢手器结构示意图

1—上接头；2—换仪销钉；3—芯轴；4—组合密封；5—外筒；6—下接头；7—螺钉；8—"O"形密封圈

当封隔器坐封完成后需要丢手时，下放管柱对丢手器施加一定的压力，从而剪断丢手器回收外筒与芯轴之间的销钉。正转（反转）管柱使回收外筒上的钢销沿着芯轴上的槽子做换位运动，并使得回收外筒与芯轴脱开，从而实现上部管柱和回收外筒与芯轴和下部管柱的分离，以达到丢手的目的。

液压丢手器 由上接头、芯轴、下接头、挡圈、"O"形密封圈等组成（见图2）。

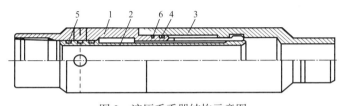

图2 液压丢手器结构示意图

1—上接头；2—芯轴；3—下接头；4—挡圈；5、6—"O"形密封圈

采用投球打压，在液压力的作用下剪断销钉并推动芯轴下行，释放上接头的棘爪，使卡在下接头环形槽的棘爪收缩，从而使得上接头与下接头分离以实现管柱丢手。芯轴下行一定的行程后被上接头的台阶挡住，同时露出上接头的4个循环孔。上提管柱可将上接头、芯轴、钢球一起取出，只留下接头在井下。

（郑黎明　于乐香）

【封隔器 well packer】 用于井下套管或裸眼里封隔油层、气层和水层的专用工具。它通过外力作用，使胶筒长度缩短、直径变大以密封油套环形空间，分隔封隔器上下的油（气、水）层，从而实现油井与水井的分层测试、分层采油、分层注水、分层改造和封堵水层。封隔器由钢体、胶皮、封隔件部分与控制部分构成。

按封隔器封隔件实现密封的方式进行分类，可分为：（1）自封式。靠封隔件外径与套管内径的过盈和工作压差实现密封的封隔器。（2）压缩式。靠轴向力压缩封隔件，使封隔件外径变大实现密封的封隔器。（3）扩张式。靠径向力作用于封隔件内腔，使封隔件外径扩大实现密封的封隔器。（4）组合式。由自封式、压缩式扩张式任意组合实现密封的封隔器。

（郑黎明　于乐香）

【卡瓦封隔器 anchor packer】 一种由旁通、密封元件和卡瓦总成组成的加压坐封悬挂式封隔器。旁通的作用与裸眼旁通阀的作用基本相同。旁通孔有较大旁通面积，能旁通起下钻液流和平衡封隔器解封时上下方的压力。旁通道由端面密封关闭。密封元件主要是胶筒，用于分隔环空与地层。卡瓦总成包括锥体、卡瓦、摩擦垫块、垫块外筒、定位凸耳和弹簧等（见图）。

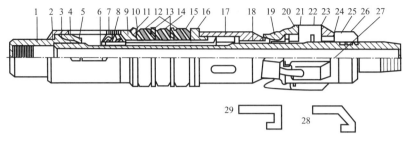

卡瓦封隔器结构示意图

1—上接头；2—旁通外筒；3，8，10—"O"形密封圈；4—密封挡圈；5—端面密封；6—坐封芯轴；7—密封唇；9—密封接头；11—上通径规环；12，14—胶筒；13—隔圈；15—胶筒芯轴；16—下通径规环；17—锥体；18—固紧套；19—卡瓦；20—螺旋销；21—卡瓦弹簧；22—摩擦垫块；23—热块弹簧；24—垫块外筒；25—定位凸耳；26—凸耳挡圈；27—沉头螺钉；28—自动槽；29—人工槽

（蒲春生　于乐香　吴飞鹏）

【剪销封隔器 shear pin type packer】　一种有剪销的封隔器。剪销封隔器与卡瓦封隔器配合使用，二者中配有筛管，用于套管井的跨隔测试。由于剪销的存在，它可以传递一定的钻压。当卡瓦封隔器按坐封步骤坐封后，继续加较大的压缩负荷时，剪销封隔器的剪销剪断，剪销封隔器坐封，从而对测试层段进行跨隔测试。解封时，直接上提拉开旁通通道即可。剪销封隔器由上接头、阀座、胶筒、隔圈、芯轴、剪销、花键外筒等组成（见图）。

剪销封隔器也配有旁通（封隔器本身自带），只有当施加压缩负荷时将剪销剪断，芯轴下移，使上接头的密封环与阀座吻合才能把旁通关闭，此后再压缩胶筒使其膨胀，与套管壁紧贴形成密封。为了传递扭矩，芯轴上有键与花键外筒配合。

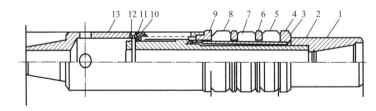

剪销封隔器结构示意图

1—上接头；2—芯轴；3—胶筒套；4—上通井规环；5，7，8—胶筒；6—隔环；9—下通井规环；10—剪销；11—键套总成；12—管塞；13—下接头

（蒲春生　于乐香　吴飞鹏）

【遇油膨胀封隔器 oil-expandable packer】　一种基于橡胶吸收碳氢化合物膨胀原理的封隔器。遇油膨胀封隔器在吸收膨胀后可以封闭油（套）管与裸眼之间

的环空，可以应用在裸眼井或者套管井中（见图）。该封隔器没有活动部件并且不需要井底或者地面的启动。遇油膨胀封隔器应用在裸眼井段时，免去了固井环节，可大大减少漏失井段固井风险，同时加快完井作业进度，减少环境污染。遇油膨胀封隔器胶筒遇油1～7天内膨胀体积是原体积的1.5～4.7倍，从而达到密封的效果。

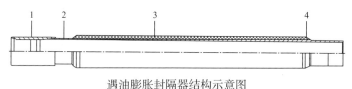

遇油膨胀封隔器结构示意图

1—上接头；2—标准管件；3—膨胀橡胶；4—尾环

（蒲春生　于乐香　吴飞鹏）

【**试油井控设备** well test control equipment】　实施油气井压力控制技术的一整套专用的设备。主要包括防喷器组、控制系统、节流管汇、压井管汇、内防喷工具、套管自动放压装置、采油（气）井口、测试控制头、地面排污流程、地面求产流程、井下安全阀、井口防喷管等。

防喷器组合通常为（自下而上）：套管头、钻井四通、单闸板防喷器、双闸板防喷器、环形防喷器。防溢管口套管头装在套管上，用以承受井口防喷器组件的全部重量。钻井四通两翼连接节流和压井管汇，防溢管则导引自井筒返回的压井液流入振动筛。

原钻机试油采用钻井时的井口防喷装置，一般为环形防喷器、双闸板防喷器、单闸板防喷器组合的形式（见图1）；修井机试油由于空间的限制，一般采用环形防喷器和双闸板防喷器组合的形式（见图2）。

*用途*　试油井控设备的作用主要包括：（1）预防井喷，保持井筒内钻井液静液柱压力始终大于地层压力，防止井喷条件的形成。（2）及时发现溢流口对油气井进行监测，以便尽早发现井喷预兆，尽早采取控制措施。（3）迅速控制井喷，溢流、井涌、井喷发生后，迅速关井实施压井作业，对油气井重新建立压力控制。（4）处理复杂情况，在油气井失控的情况下，进行灭火抢险等处理作业。（5）在试油过程中，射孔、压井、测试等作业都离不开井控设备。

*使用要求*　为了满足试油过程中油气井压力控制的要求，试油井控装置必须能在井下作业过程中对地层压力进行准确的监测和预报，当发生溢流、井喷时，能迅速控制井口，节制井筒流体的排放，并及时泵入压井液，使之在维持稳定的井底压力条件下，重建井底压力平衡。即使发生井喷失控乃至着火事故，也必须具备有效的处理条件。

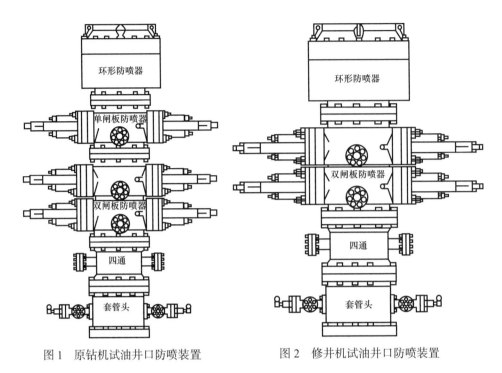

图1　原钻机试油井口防喷装置　　　图2　修井机试油井口防喷装置

（蒲春生　郑黎明　于乐香　吴飞鹏）

【封井器 well plugging device】 在油井完井、修井起下油管的作业过程中，为防止井涌安装在井口的安全密封装置。封井器是不压井作业及倒换井下工具必不可少的井口安全装置，当井下发生异常情况来不及安装采油树时，转动丝杆推动闸板关闭，能安全密封套管或密封油套环空；能控制放喷；能挤压井或循环压井。在一定的压力范围内，管柱能在封井器内上下运动，同时仍保持密封。

试油封井器分为半封封井器、全封封井器和自封封井器。半封封井器用于封闭油套环形空间；全封封井器用于封闭整个井筒；自封封井器主要用于起下作业过程中的刮油、防掉落物。常用的封井器按性能及工作压力分为：35MPa 半全封封井器，70MPa 和 105MPa 液控半封、全封封井器，万能封井器（又称环形封井器，能适应井口的多种工况而快速封井）。按关闭方式不同，封井器可分为液动式封井器和手动式封井器。一般试油作业多用手动式封井器，它具有简单、方便、成本低等优点。

气井封井器选择原则和要求为：（1）根据预测地层压力选择封井器（防喷器）压力等级。地层压力在 35MPa 以内的井，采用承压 35MPa 半全封或者一个半封加一个全封封井器；地层压力在 35~70MPa 采用 70MPa 的半全封或一个半封加一个全封封井器；地层压力在 70MPa 以上采用 105MPa 的封井器。（2）封井器的通径大于试气作业中下入工具的最大外径。（3）试气监督验收要求：采气井口，封井器有合格卡片；试压达到额定工作压力；符合试气设计书所要求的规格、型号；零部件齐全完好；操作灵活。

（蒲春生　郑黎明　于乐香　吴飞鹏）

【电缆井口防喷系统 wellhead wireline blowout control system】 电缆测试作业时井口安装的防止井喷发生的安全系统。主要由防喷器、捕集器、防喷管、泄压短节、抓卡器、注脂密封控制头、防喷盒、刮油器及注脂液控装置等组成。

防喷盒 主要由滑轮、滑轮支架、活塞、支撑柱、橡胶墩（密封盘根）、压紧螺丝、芯轴及下密封等组成。正常工作时，可通过密封盘根压紧钢丝绳起到密封作用。防喷盒位于注脂密封控制头的上方，利用手动泵控制液压，使液压推动防喷盒内的活塞压紧在电缆外部的橡胶盘根上，防止流体自井口上方漏出。在通常情况下，橡胶盘根的密封作用，可迫使通过上阻流管溢出的密封脂进入回流管线，流入废油桶。有时井口油气也会沿电缆外侧的缝隙流出，这时防喷盒可起到密封井口、使油气不至漏出的第二道防线的作用。

防喷盒采用液压密封式结构。具有操作简单、密封可靠并可远距离操作的特点。滑轮支架内装有轴承，可以调节方向。

刮绳器 当测试电缆在油井内移动时，刮绳器可以刮去油污，起到清洁电缆的作用。在大多数情况下，刮绳器是在低压力电缆测试时使用，此时内部的橡胶密封圈用来密封电缆，防止井内流体漏失，控制井口压力刮绳器也可以在低压力下密封电缆，单独使用刮绳器密封电缆时，井内流体有可能轻微渗漏。

抓卡器 主要由上主体、下主体、活动接头、活塞、芯轴、卡瓦等零件组成（见图）。具有带阻流球阀形式的抓卡器，上部为活动接头，下部为活动外螺纹接头；带阻流球阀形式的抓卡器，上部为与注脂控制头阻流管相连的内螺纹，上主体装有阻流球阀，下部活动外螺纹接头。

泄压短节 安装在捕集器上方，接在泄压短节上的针型阀可用于测量或泄掉防喷器内的压力（有时可取消泄压短节，将针型阀接在防喷管上）。

抓卡器结构示意图

（郑黎明　于乐香）

【远程控制台 remote console】 进行远程操作井控装置的控制台。由油箱、泵组、蓄能器组、管汇、各种阀件、仪表及电控箱等组成（见图）。

远程控制台

远程控制台的主要功能是将泵组产生高压控制液储存在蓄能器组中，当需要开、关防喷器时，来自蓄能器的高压控制液通过管汇的三位四通转阀被分配到各个控制对象（防喷器）中。远程控制台蓄能器中的重要组件包括电泵、减压阀、气泵、安全阀（溢流阀）、储能器、压力继电器（自动液电开关）、三位四换向阀、压力继气器（自动液气开关）、旁通阀、压力传感器。

（郑黎明　于乐香）

【燃烧器 burner】 使原油和天然气充分燃烧的装置，又称燃烧头。燃烧器安装在燃烧臂的最前端，由气体燃烧部分、原油雾化燃烧部分、水幕喷淋系统和点火系统所组成。燃烧器的用途是燃烧油和天然气，处理废气，防止泄漏燃气引发安全事故，保证井场安全，是海洋油气井试油过程中必不可少的设备之一。

气体燃烧部分结构比较简单，只有液化气流程及电子点火系统和气体燃烧口；原油雾化燃烧部分结构比较复杂，由原油流程、压缩空气流程、液化气流程及电子点火系统组成，利用大流量压缩空气把原油通过燃烧器喷嘴喷出，然后经点火系统点燃使原油充分燃烧；水幕喷淋系统在油气燃烧过程中用于冷却燃烧器，降低燃烧产生的高温。它分为三部分：（1）一部分喷向火焰形成蒸汽，使火焰降温；（2）燃烧头后面的环状喷水装置形成的水幕在燃烧器的后面阻止高温向平台方向辐射；（3）平台受热辐射表面的喷淋系统，直接使平台表面降温，确保燃烧臂和平台的安全。

早期的燃烧器利用压缩空气把原油雾化，然后喷出喷嘴燃烧，易使原油雾化不充分，造成海洋污染。常用的燃烧器利用压缩空气和原油在喷头内部旋转混合后直接喷出，把原油喷向远处，并在喷出过程中一直处于燃烧状态，保证原油能够充分燃烧不造成环境污染。

（张文胜　王树龙　郑黎明　于乐香）

【燃烧臂 burner boom】 在海洋平台试油（气）过程中，负载油、气、水管汇和支撑燃烧器的装置。又称栈桥。放喷测试过程中，通常将测试后的气体烧掉，因此放喷测试管口常常接一个燃烧臂。

试油（气）用燃烧臂是一种活动的燃烧臂，主要由天然气管线、原油管线、压缩空气管线、冷却水管线、引火气管线组成（见图）。一般在钻井平台和试油试采平台的两舷各设置一个，以便在燃烧时可以根据风向选择点火的方向。燃烧臂一端通过底座和转轴固定在平台边缘上，另一端靠绳缆吊装，保持在水平位置，同时两侧用绳缆固定，防止随风摆动。

燃烧臂结构示意图

燃烧臂是海洋油气水三相分离计量系统的重要组成部分，根据平台吊车能力和燃烧头的燃烧能力一般分为18.288m、27.432m和36.576m三种长度。

燃烧臂分为两种：一种是以排除残酸，防止残酸污染为主要目的的排酸臂；另一种测试用高空燃烧臂。两种都可以烧掉测试的气体，但功能略有区别。前者燃烧臂内部结构以旋风为主，加上挡板，可防止残酸飞扬性污染，且结构简单、价格低廉。后者是将火口从地面改在高空，放喷时，气液混合物分级降压，气体膨胀，气体分离，既可以增加分离效果，回收残酸，同时火焰又在高空燃烧，不会烧坏地面植被，有效防止环境污染。后一种燃烧臂效果较好。

（张文胜　王树龙　郑黎明　于乐香）

【铅模 lead pattern】　用来探测井下落鱼鱼顶状态和套管情况的一种井下工具。按结构分为平式铅模和锥形铅模；从使用方面又分带水眼和不带水眼两种。带水眼是为了便于冲洗鱼顶的钻井液，一般无特殊情况下均使用不带水眼铅模。铅模主要由接头体和铅模组成，接头体在浇铸铅模的部位有环形槽，以固定铅模（见图1和图2）。

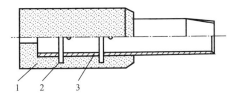

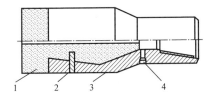

图1　平式铅模结构示意图　　　　图2　锥形铅模结构示意图
1—铅体；2—加强筋；3—油管　　　1—铅体；2—加强筋；3—本体；4—圆柱塞

铅的硬度比钢铁小得多，塑性好，在加压状态下，钢铁鱼顶与铅体发生挤压，在铅体上印上鱼顶形状的痕迹。这种痕迹称为"铅印"。分析铅模同鱼顶接触留下的印迹和深度，反映出鱼顶的位置、形状、状态以及套管变形等的初步情况，为下步施工提供依据。

（蒲春生　郑黎明　于乐香）

【**防喷器 blow-out preventer**】 用于试油、修井、完井等作业过程中关闭井口，防止井喷事故发生的安全密封井口装置。将全封和半封两种功能合为一体，具有结构简单、易操作、耐高压等特点。在井内油气压力很高时，防喷器能把井口封闭（关死）。从钻杆内压入重钻井液时，其闸板下有四通，可替换出受气侵的钻井液，增加井内液柱的压力，以压住高压油气的喷出。分为万能防喷器、闸板防喷器和旋转防喷器等。万能防喷器可以在紧急情况下启动，应付任何尺寸的钻具和空井；旋转防喷器可以实现边喷边钻作业。在深井钻井中常采用除闸板防喷器外，再加上万能防喷器、旋转防喷器，通过三种或四种组合地装于井口。

环形防喷器 又称万能封井器。结构主要由顶盖、球形胶芯、支持圈、耐磨圈、活塞和壳体组成。根据胶芯的结构不同，环形防喷器分为锥型、球型和组合型 3 种（见图 1 和图 2）。

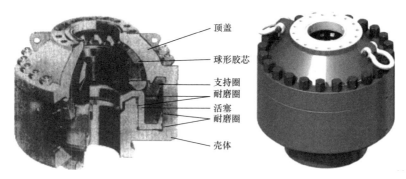

图 1　锥型胶芯环形防喷器

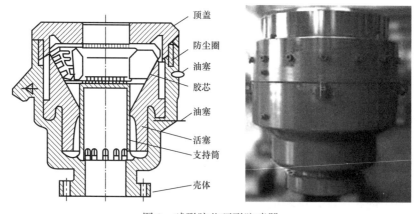

图 2　球形胶芯环形防喷器

　　工作原理　　环形防喷器由液压控制系统操纵。关闭时，来自液压系统的高压油从壳体中部的油孔进入活塞下部的油孔再进入活塞下部的油缸，推动活塞上行，活塞锥面挤压胶芯。由于顶盖限制，胶芯只能被挤向井口中心，紧抱钻具或全封井口（空井时）。需要打开时，操纵液压控制系统的换向阀，使高压油从壳体上部的孔进入活塞上部的油缸，下油缸回油推动活塞下行，使胶芯松开胀大，恢复原形，井口打开。为顺利打开环形防喷器，在活塞下死点处的壳体上有排气管接头，排出高压气体，以减少胶芯与壳体之间的气压对活塞下行的阻力。

　　用途　　（1）当井内有钻具时，可封闭不同尺寸的钻具；（2）当井内无钻具时，可封闭全井口；（3）当进行测井等作业时，还可封闭电缆、钢丝绳等与井筒之间的环空；（4）在使用减压调压阀或缓冲储能器控制的情况下，能通过18°台肩的对焊钻杆接头强行起下钻具，但起下速度要慢，过接头时要更慢。

　　使用要求　　（1）发生井喷时，当井内有管柱时，可关闭环形防喷器来控制井口，但由于胶芯容易损坏，且无锁紧装置，所以不能长时间控制井口。非特殊情况，不能用它来封闭空井；（2）环形防喷器处于关闭状态时，允许上下活动钻具，但不能过接头，不准旋转钻具；（3）不得用打开环形防喷器的方法泄去井内的压力，以防刺坏胶芯；（4）安装和拆卸环形防喷器时，不要碰坏、划伤钢圈槽和钢圈；（5）每次开井时，必须检查环形防喷器是否全开，以防挂坏胶芯；（6）定期对环形防喷器试压；（7）胶芯备件应妥善保管，防止胶芯老化。如胶芯保管期很长，过了保质期，应报废；（8）在现场不做封零实验，但应按规定做封环空实验；（9）严禁将其当刮泥器使用。

　　闸板防喷器　　闸板防喷器是利用液压将带有橡胶胶芯的两块闸板，从左右两侧推向井眼中心来封闭井口。根据闸板数分为单闸板和双闸板，根据闸板形式分为可换装半封闸板、全封闸板和剪切闸板。单闸板防喷器的壳体只有一个闸板室，只能安装一副闸板；双闸板防喷器的壳体有两个闸板室，可安装两副闸板而且通常安装一副全封闸板及一副半封闸板。主要由壳体、闸板、闸板轴、液缸、活塞等组成（见图3）。

　　工作原理　　涉及闸板防喷器开关动作、密封。

　　（1）闸板防喷器开关动作原理：闸板防喷器的关井和开井动作是靠液压来实现的。开井动作时，压力油经下铰链座导油孔道进入抽缸的开井油腔，推动活塞与闸板迅速离开井眼中心，闸板缩入闸板室内。在关井动作时，关井油腔里的液压油则通过上铰链座导油孔道，再经液控管路流回控制装置油箱。

　　（2）闸板密封原理：在外力的作用下，闸板胶皮被挤压变形起到密封作用。

在关井过程中，壳体与侧门以及活塞杆与侧门的密封全部都有效时，才能达到有效的密封。否则，会影响封井效果。

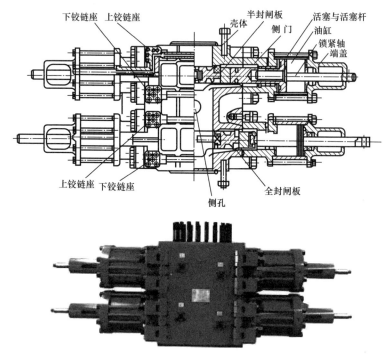

图 3  双闸板防喷器结构示意图

闸板防喷器主要用途：（1）当井内有管柱时，配上相应管子闸板能封闭套管与管柱间环形空；（2）当井内无管柱时，配上全封闸板可全封闭井口；（3）当处于紧急情况时，可用剪切闸板剪断井内管柱，并全封闭井口；（4）在封井情况下，通过与四通及壳体旁侧出口相连的压井、节流管汇进行钻井液循环、节流放喷、压井、洗井等特殊作业；（5）与节流、压井管汇配合使用，可有效地控制井底压力，实现近平衡压井作业。（6）必要时管子闸板还可以悬挂钻具。

使用要求 （1）发生井喷时，可用全封闸板或用于井内管柱相应的半封闸板时闭井口。（2）不得用打开闸板的方法泄去井内的压力。（3）每次开闸板时，要检查手动锁紧是否解锁；闸板打开后，要处于全开位置，以防提下管柱时，碰坏闸板。（4）井内有管柱时，严禁关闭全封闸板。（5）闸板防喷器不得颠倒使用。（6）全封闸板最好装在半封闸板之上，当半封闸板在控制溢流、井喷过程中，因损坏而不能发挥正常功能时，可将全封闸板换成半封闸板。

旋转防喷器 旋转防喷器的旋转控制头是欠平衡钻井装置的重要组成部分。在作业时，胶芯密封环空并与井内管柱同时转动，同时操作节流管汇的节流阀，维持一定的井口回压，将返出的井液通过节流管汇导至地面钻井液循环系统，确保在井口带压情况下能安全钻进、起下钻等作业。具有使用安全可靠、操作简单等特点。旋转控制头系统主要由壳体、旋转总成、监控台、灌浆管汇、管线、冷却润滑动力泵站等组成（见图4）。

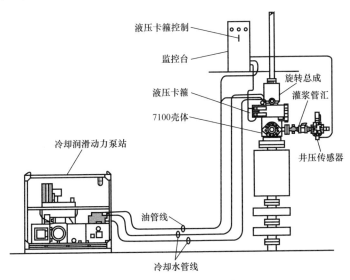

图4　旋转控制头系统示意图

工作原理　（1）壳体的密封。旋转总成与壳体之间靠壳体上液压卡箍的抱紧力实现静密封。（2）总成的密封。旋转总成的滚动轴承顶部与底部各装有一只锥形胶芯，其内径比所要密封的钻具外径小，这样胶芯与钻具之间就形成了过盈配合，当钻具通过胶芯时，胶芯在自身弹性的作用下，产生一个收紧力抱紧钻具从而达到密封环空的目的，同时井压助封可以增大胶芯对钻具的抱紧力，增加密封的可靠性。（3）旋转驱动。当转盘转动时，转盘带动六方方钻杆（有利于密封），六方方钻杆带动驱动器转动，驱动器带动旋转总成和胶芯转动。钻井中使用顶驱钻进时，旋转控制头密封的钻具为圆钻杆，而不是六方方钻杆。旋转总成的旋转靠胶芯对钻具的抱紧力（摩擦力）来实现，顶驱驱动钻具，钻具带动旋转总成，当胶芯因为磨损等原因抱紧力降低后，旋转总成可能不转动，而是钻具相对于胶芯转动，但仍可密封。（4）冷却和润滑。旋转总成滚动轴承冷却的工作原理：泵站上的冷却水泵泵入冷却水，带出旋转总成滚动轴承的摩擦热，冷却水由泵站的压缩制冷机降温（改进的泵站对冷却水的制冷采用风冷），实现冷却水反复使用。旋转总成滚动轴承润滑的工作原理：旋转总成的轴承润滑依靠泵站上的润滑泵泵入重负荷齿轮油，齿轮油经过旋转总成滚动轴承，由下油压密封圈流出总成，由于齿轮油流过油密封圈需要克服密封圈的阻力，因此即使是总成外部为大气压时，油泵也有一定的泵压，同时也保证油压始终高于井压一个恒定的压力，这样能有效地防止钻井液进入旋转总成。

使用要求 （1）必须使用六方方钻杆和18°斜坡钻杆，且接头不得焊耐磨带；（2）使用钻具规格与胶芯相匹配，否则不允许过胶芯；（3）第一根钻杆接头过胶芯时，必须使用专用引锥过胶芯，不可用接头强行通过；（4）天车、转盘和井口3点必须校正，误差小于10mm；（5）为了延长旋转控制头在工作时轴承及密封件的寿命，在旋转控制头旋转时必须通过泵站进行冷却润滑，注意观察冷却水出入口的温度、入口压力；（6）欠平衡钻进时，应认真检查钻具有无毛刺，若发现有毛刺应及时处理后才能作业，避免损坏胶芯；（7）在调试的时候应注意冷却液是否通畅，防止由于无冷却液或进出水管线堵塞而无冷却液循环；（8）打开油泵，有一定油压后，方能启动转盘。

（蒲春生　郑黎明　于乐香　吴飞鹏）

【捕捉器 catcher】 防止仪器起出井口后重新落入井内的专用工具。捕捉器分手动和自动（或液压式）两种。手动捕捉器由活动式限位器、轴、手柄组成，由手工操作，最大工作压力不能超过35MPa；液压式捕捉器用于高压，当井内压力很高或含有 $H_2S$ 时，要使用液压式捕捉器。

捕捉器中限位器的开口比电缆直径略大，比入井工具直径略小。手柄重量集中在它的底端，当仪器下井时，上提电缆，仪器向上离开捕捉器挡板，扳动手柄，使挡板向上一侧竖起，下放电缆，仪器通过捕捉器后，放下手柄，挡板呈水平状态。由于挡板中间有开槽，不阻碍电缆的起下。当仪器起到捕捉器挡板下面时，绳帽将挡板顶起；当仪器全部通过挡板后，由于弹簧作用，使挡板处于水平位置，防止仪器撞到防喷盒顶部下落掉入井内。

液压捕捉器液压手动泵充当打开和关闭开槽限位器的活塞，抓住落井工具，允许电缆自由通过。加泵压使活塞向下运动，捕捉器关闭，限位器自身重量使它回到水平位置。这种方法比弹簧的弹性更有效。限位器回到水平位置之后，它就可防止工具落井。

（郑黎明　于乐香）

【防喷管 lubricator】 测试作业时用于控制井内流体的流动和压力防止井喷的装置。主要用于油气井测试时，使下井工具串在打开清蜡阀门、井口阀门之前，短时放置在防喷管内，从而避免在放喷与带压情况下拆装电缆工具串。防喷管上部与阻流管相连，下部与防喷器相连，形成密封空间。在井筒内的修井液溢出之前将其回收到指定的容器中进行处理，以防止生态环境遭到破坏，特别是海洋油田的生产平台更是重要。

（蒲春生　郑黎明　于乐香）

【**套管自动放压装置 auto-blow down system in casing**】 井下套管过高时能自动泄压从而保护套管的装置，又称套管快速压力释放系统。在压裂酸化施工过程中，封隔器若发生泄漏，套管压力升高可能会损坏套管。装置主要由手动平板阀、安全阀、爆破片装置、3in 活接头、连接管等组成。

管汇旁通的左右翼分别设计有一爆破片装置和安全阀。井口实施压裂酸化时，若封隔器泄漏导致套管压力升高，当压力升至大于安全阀的设定压力值时，安全阀将在压力作用下自动打开泄压；若套管压力继续升高至爆破片的工作压力时，爆破片将会破裂而泄掉系统压力；若系统压力仍在继续升高，则可打开主通上的阀门直接放喷泄压。通过设计此 3 个泄压通道并安装相应的自动、手动泄压装置，可确保套管压力被及时释放以免套管受到损坏。管汇五通上安装有一个测试法兰，该法兰上有 5 个 $\frac{1}{2}$in NPT 接口，可安装压力表、压力传感器读取系统压力；安装压力测试接头对系统进行检测、试验等；安装温度计或温度传感器读取流体温度；通过安装的取样倒刺管对井液进行取样化验等。

（蒲春生　郑黎明　于乐香）

【**油管堵塞阀 tube plug**】 下入油管实现油管堵塞的阀。通过左旋转实现胶筒膨胀和双向锚定，从而实现油管堵塞；通过右旋转解封后上提取出堵塞阀，实现油管全通径；在油管内有压力时可进行压力检测，并建立循环压井。

针对试油工艺的特殊性，在试油期间将出现频繁的换装井口作业，特别是进行的大规模碳酸盐岩储层改造，由于碳酸盐岩储层具有易喷易漏和高含硫化氢的特点，导致换装井口时风险很大，无控状态下的换装井口作业是试油期间的最大安全隐患。油管堵塞阀能够完成井口换装采油树或防喷器时对油管的封堵，消除了在更换井口时油管内发生井喷的安全隐患，有效杜绝井喷事故的发生。

根据不同的坐封油管尺寸，将相应的取送工具与油管堵塞阀相连，即堵塞阀上的定位销滑入取送工具下接头的"J"形槽内；工具下到位后，左旋管柱，即左旋堵塞阀的中心管，上锥体下行撑开卡瓦，使卡瓦咬合在油管内壁；继续旋转，油管堵塞阀的中心管上行，下锥体把卡瓦完全撑开，使卡瓦卡牢在油管内壁，继续旋转压缩胶筒，最后使堵塞阀完全坐封在油管内实现封堵中心管和油管之间的目的；中心管的密封是通过塞堵实现的，由于塞堵靠紧中心管，故可承受来自下面的巨大压力。装置示意图如图所示。

更换好井口装置后，先油管内打压剪段固定塞堵销钉，把塞堵推到下接头底部，使油管畅通，观察油管内压力，如果有压力则进行压井。解封时，下入取送工具与堵塞阀对接，右旋管柱，即可使胶筒、卡瓦回收到下井状态，上提取出油管堵塞阀。

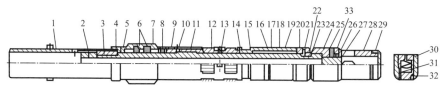

油管堵塞阀示意图

1—上接头焊接总成；2—中心管；3—键；4—上接头接圈；5—摩擦块牵引体；6, 13—弹簧；7—摩擦块；8, 10—内六角圆柱头螺钉；9—卡瓦套；11—上锥体；12—卡瓦；14—剪切销钉；15—下锥体；16—隔环；17, 22, 24, 25—"O"形密封圈；18—胶筒衬套；19—胶筒；20—下导环；21—内六角紧定螺钉；23—挡环；26—剪钉；27—堵塞；28—下接头；29—护帽；30—螺钉；31—复位弹簧；32—止动销；33—内六角紧钉螺钉

（蒲春生　郑黎明　于乐香）

**【套管堵塞阀 casing plug】** 用于套管及井筒封堵换装井口采油四通时暂堵的阀。

把取送工具与套管堵塞阀相连，即堵塞阀上的换位凸耳滑入取送工具的"J"形槽内；工具下到位后，右旋管柱，上锥体下行撑开卡瓦，最后使卡瓦完全咬在套管内壁；继续旋转，套管堵塞阀的中心管上行，压缩胶筒，最后使堵塞阀完全坐封在套管内。装置示意图如图所示。

解封前，先套管内打压，打掉堵塞阀下端的击落塞，使套管畅通，检测套管内压力。如果有压力，先正挤压井，然后下入取送工具，左旋管柱，即可使胶筒、卡瓦回收到下井状态，上提取出套管堵塞阀。

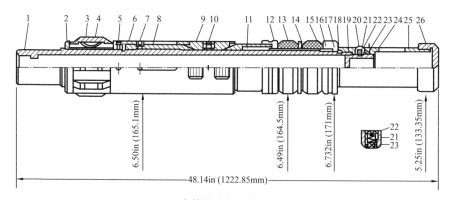

套管堵塞阀示意图

1—中心管；2—摩擦块牵引体；3—摩擦块；4—弹片；5, 7, 18—螺钉；6—卡瓦套；8—上锥体；9—卡瓦；10, 20—弹簧；11—下锥体；12—上导环；13—胶筒；14—隔环；15—胶筒衬套；16, 19—"O"形密封圈；17—下导环；21—销钉；22—防上顶螺钉；23—剪切销钉；24—堵塞；25—下接头；26—丝堵

（蒲春生　郑黎明　于乐香）

【内防喷工具 inside blowout preventer】 钻具内用于井内发生溢流井涌时防止地层流体沿钻柱水眼向上喷出的工具。若在井控作业中，水龙带、高压管汇损坏，可关闭钻具内防喷工具，进行安全更换。内防喷工具主要有方钻杆上下旋塞阀、箭形回压阀、投入式回压阀等。

箭形回压阀 主要由本体、压帽、密封盒、密封箭、下座组成（见图1）。可直接接入钻杆中，也可在发生溢流时，再将它接入钻柱中，以控制钻具内流体。

投入式回压阀 由就位接头和回压阀两部分组成（见图2）。先将就位接头接到钻柱的预定位置下入井内，在接到钻柱前应上紧制动环。当发生井涌、井喷和不压井起下钻等需要堵塞钻杆水眼时，将回压阀从钻具水眼中投入（或泵送）至就位接头，即可起到内防喷的作用。

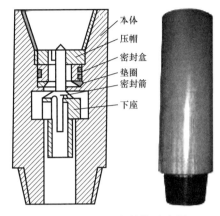

图1 箭形回压阀结构示意图

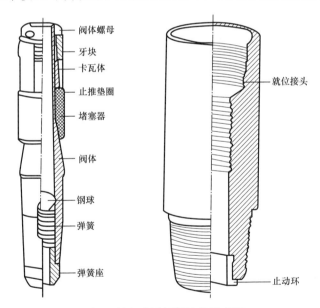

图2 投入式回压阀结构示意图

（蒲春生　郑黎明　于乐香）

【旋塞阀 cock valve】 通过旋转90°使阀塞上的通道口与阀体上的通道相同或分开，实现开启或关闭的一种阀门。旋塞阀是石油钻井、试油作业防喷的必备工

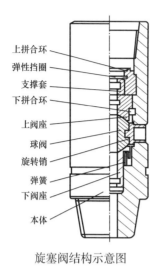

上拼合环
弹性挡圈
支撑套
下拼合环
上阀座
球阀
旋转销
弹簧
下阀座
本体

旋塞阀结构示意图

具之一。旋塞阀连接在钻杆上部，上接压井管线，专用于井喷的紧急情况，同时也可防止钻井液溅到转盘上。旋塞阀主要由本体，球阀，上、下阀座，上、下拼合环，支撑套，弹簧和旋转销等组成（见图）。本体上端与放喷管线连接，下端与管柱接头连接，本体为单一式，强度大，用特殊的扳手可以通过旋转销，拨动球阀转动，实现球阀的打开和关闭。

根据其耐压等级可分为35MPa、70MPa两种。通常和封井器配合使用。阀塞的形状可成圆柱形或圆锥形。在圆柱形阀塞中，通道一般成矩形；而在锥形阀塞中，通道成梯形。这些形状使旋塞阀的结构变得轻巧。

（蒲春生　郑黎明　于乐香）

【节流阀 throttle valve】 利用节流原理调节管道内流量的阀门。借助于节流阀的开启和关闭，使井口维持一定的压力，从而使井底压力能够平衡地层压力。节流阀有手动式、固定式和气液远程控制式等，连接方式有卡箍、法兰和螺纹等方式，一般常用法兰连接。

（蒲春生　郑黎明　于乐香　吴飞鹏）

【闸阀 brake valve】 启闭件为闸板的阀门。闸阀通常适用于不需要经常启闭，而且保持闸板全开或全闭的工况。在试油的过程中，闸阀广泛应用于井口采油树、节流压井管汇和测试防喷管路上，起关断作用。按密封面配置可分为楔式闸板式闸阀和平行闸板式闸阀。其中，楔式闸板式闸阀又可分为单闸板式、双闸板式和弹性闸板式；平行闸板式闸阀可分为单闸板式和双闸板式。按阀杆的螺纹位置划分，可分为明杆闸阀和暗杆闸阀两种；按连接方式划分，可分为法兰连接式、活接头连接式和卡箍连接式闸阀。

在全开时整个流通通道直通，介质流向不受限制，不绕流，压力损失最小。闸阀关闭时，密封面可以只

闸阀

依靠介质压力来密封，即依靠介质压力将闸板的密封面压向另一侧的阀座来保证密封面的密封，即自密封（见图）。大部分闸阀是采用强制密封的，即阀门关

闭时，要依靠外力强行将闸板压向阀座，以保证密封面的密封性。

（蒲春生　郑黎明　于乐香）

【试油辅助工具 well test auxiliary tool 】 对试油井下管柱起特殊辅助作用的工具。主要包括安全接头、井下安全阀、常开阀、常闭阀、油管锚、丢手器、桥塞、伸缩管、节流阀、扶正器、浮阀、单流阀、减振器等，根据工具的不同，可实现不同的功能。

（蒲春生　郑黎明　于乐香）

【安全接头 safty joint 】 连接在井下作业管柱中，当管柱被卡时可以松开连接从而取出上部管柱的专用工具。安全接头可以传递正向或反向扭矩，可承受拉、压负荷，并保证井内流体畅通。当封隔器及其下方工具遇卡，用震击器也不能解卡时，可反转钻柱，从安全接头反扣粗牙螺纹处倒开，将安全接头以上的工具和管柱提出。当作业工具遇卡时，安全接头可首先脱开，将其上部管柱起出，简化下一步作业程序。安全接头用于钻井、打捞、洗井、修井和测试等作业中，外径和水眼直径一般应与所匹配的管柱相同。在打捞作业时，一般连接在打捞工具之上，震击工具之下；在测试作业时，连接在地层测验器和封隔器的上方，震击器的下方。常用的安全接头有锯齿形安全接头和方扣形安全接头两种，如图1和图2所示。

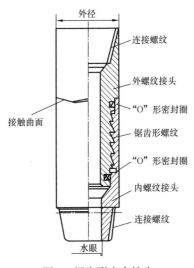

图1　锯齿形安全接头

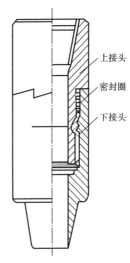

图2　方扣形安全接头

（蒲春生　郑黎明　于乐香　吴飞鹏）

【井下安全阀 downhloe safety valve 】 当井下压力达到限定压力时可以自动关闭井筒确保安全生产的阀门。井下安全阀的开启和关闭，可在地面由液压管供给的压力控制，或直接由井下的条件控制。地面控制的井下安全阀通过液压压力作用于活塞使关闭机构开启。内部有弹簧在相反方向作用于活塞，使在失去液压压力时使机构关闭。在大多数地面控制的井下安全阀设计中，井下压力和弹簧的联合作用与液压压力平衡并使阀关闭。

井下控制的井下安全阀直接由井内压力操纵，阀的工作不用液压控制。阀在井内时是常开启，并要求在超出正常生产状态时停止生产。

（蒲春生　郑黎明　于乐香）

【常开阀 normally open valve 】 下井时处于开启状态，关闭时需要投球、打压的阀门。常开阀常与机械封隔器等工具联作，多用于需要换装采油树后进行替液等作业的工况以及用于压裂、酸化等作业，其作用是在下井过程中沟通油管和环空，在挤液前为循环洗井和替液提供通道（见图）。循环洗井和替液结束后需要将其关闭。

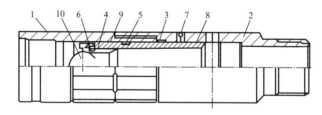

常开阀结构示意图

1—上接头；2—下接头；3—大活塞；4—小活塞；5—卡环；6，7—剪切销钉；8，9—"O"形密封圈；10—钢球

替液结束后投球通过地面正打压剪断销钉使得外滑套下行关闭循环孔，继续打压剪断外滑套与内滑套之间的销钉，将钢球连同内滑套一起击落至井底，从而封闭油套，并且油管内畅通。

（蒲春生　郑黎明　于乐香　吴飞鹏）

【常闭阀 normally closed valve 】 下井时处于关闭状态，需要投球打压开启的阀门。在被打开之前，常闭阀处于关闭状态，主要作用是给管柱提供一个循环通道，平衡封隔器上下压力，实现循环井作业以及方便封隔器解封。常闭阀通过投球打压开启，投球前常闭阀循环孔关闭使油套封闭，投球后通过地面正打压剪短销钉，使得滑套下行从而开启循环孔，实现油套沟通（见图）。常闭阀通常与封隔器配套用于压裂、酸化等作业。根据结构可分为球座可击落与不可击落形式，可击落的球座常闭阀可被用于稠油井掺稀作业。

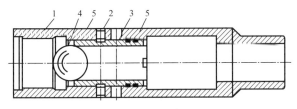

常闭阀结构示意图

1—外套；2—剪切销钉；3—滑阀；4—钢球；5—"O"形密封圈

（蒲春生　郑黎明　于乐香　吴飞鹏）

【油管锚 tubing anchor】 一种用于生产及措施井井下管柱锚定的井下工具。油管锚可以改善管柱受力状态，降低管柱疲劳损坏，控制管柱的伸缩，减少漏失，延长管柱的使用寿命。

油管锚基本可分为机械式油管锚和液力式油管锚两大类。油管锚在设计上一般应考虑以下几点：（1）防止失效造成作业；（2）安装使用方便，坐卡尽量不使用辅助设备；（3）不应恶化管柱的受力状况；（4）解卡释放安全可靠。

机械式油管锚 靠摩擦块与套管壁之间的摩擦力来实现坐卡（见图1），根据坐卡方式的不同，又可分为机械式卡瓦油管锚和机械式油管张力锚两类。机械式卡瓦油管锚是最早使用的油管锚定工具，该类锚依靠管柱自身重量坐卡，其优点是可以把部分油管柱重量转移到套管上，减少上部油管的拉力。机械式油管张力锚一般采用旋转上提管柱的方式完成锚的坐卡，采用下放管柱方式释放。

在有杆泵抽油生产过程中对管柱进行固定，可以减少冲程损失，提高泵效。在压裂、酸化等工艺中对管柱进行固定，可以提高井下工具及管柱的承压能力。

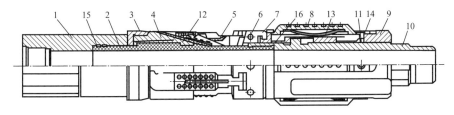

图 1　机械油管锚结构示意图

1—上接头；2—上芯轴；3—导环；4—锥体；5—卡瓦；6，11—螺钉；7—卡瓦套；8—摩擦块；9—摩擦块套筒；10—下芯轴；12—卡瓦止动销；13—板簧；14—压块；15，16—"O"形密封圈

液力式油管锚 靠液力作用来实现坐卡（见图2）。按其坐卡方式可分为压差式油管锚和憋压式油管锚两类。压差式油管锚一般是利用油套自身压差实现锚定，在油套压差的作用下，镶嵌在锚本体上的锚爪伸出，锚定在套管上。憋压式油管锚是利用油管憋压来实现坐卡的，又可以分为液压双向卡瓦油管锚

（主要由坐卡机构和双向卡瓦锚定机构等部分组成）和液压单向卡瓦油管锚（主要由坐封机构和单向卡瓦锚定机构等组成）。

液压式油管锚可单个或多个一起下入井内，适用于机械坐封不宜下入的大角度斜井或水平井中。两个或两个以上的油管锚可被一次坐封或按照设计的秩序依次坐封。该液压油管锚具有双向锚定作用，独有的棘轮锁环装置将锁紧确保了锚定的可靠性。液压油管锚可广泛应用于单层压裂、酸化、分层压裂等各种增产措施作业。

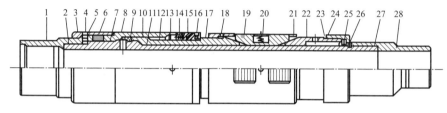

图 2　液压油管锚结构示意图

1—上接头；2，7，10，11，27—"O"形密封圈；3，23—销帽；4—安全销钉；5，16，24，26—螺钉；6—橡胶挡圈；8—缸筒；9—剪切销钉；12—活塞；13—中心管；14—锁环座；15—锁环；17—上锥体；18，25—剪切销钉；19—卡瓦；20—弹簧；21—卡瓦套；22—下锥体；28—下接头

（蒲春生　郑黎明　于乐香　吴飞鹏）

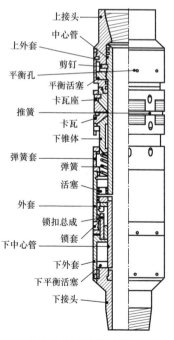

双向水力锚结构示意图

**【水力锚 hydraulic anchor】**　一种利用油管和套管压差来锚管柱的井下工具。水力锚主要用于油水井采油、注水、压裂等施工时锚定油管柱，防止油管柱与套管产生相对位移。当油管和套管产生一定压差时，锚爪自动伸出，卡在套管内壁上，实现锚定油管柱的作用。油套管压差消失，锚爪在其复位弹簧的作用下收回复位。

双向水力锚由上接头、下接头、中心管、外套、卡瓦、活塞、锁扣总成等组成（见图），主要用于酸化、压裂、注水等大型施工及生产时固定管柱。双向水力锚可起到防止管柱上、下窜动的作用。其工作原理为：（1）坐卡：从油管加液压。液体经中心管孔取推动括塞上行，锁套剪断销钉，锁套、外套、下椎体一起上行，撑开卡瓦完成量卡。此时锁套内齿被锁扣指总成卡住，上行部件不能退回，水力铺始终处于锚定状态。（2）解卡：

上提管柱。此时卡瓦错定在套管上不动，上接头带动上外套及上锥体剪断销钉上了，靠摧资弹力收回卡瓦解卡。

（蒲春生　郑黎明　于乐香　吴飞鹏）

【**伸缩管** compensating pipe】 用于补偿由于温度或压力变化而引起的油管长度变化（见图）的工具。

　　伸缩管可配合机械或液压封隔器使用，具有可在任意位置传递扭矩、密封组件长、密封可靠、伸缩行程大以及可调节式开启销钉组合设计等优点，被广泛用于压裂、酸化等各种增产措施作业，同时也广泛用于注水、注气作业。

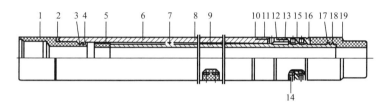

伸缩管结构示意图

1—上接头；2，10，12，16—螺钉；3，4，7，17，18—"O"形密封圈；5—组合密封接头；6—组合密封；8—外筒；9—芯轴；11—导向套；13—键；14—剪切销钉；15—剪切套；19—下接头

（蒲春生　郑黎明　于乐香　吴飞鹏）

【**扶正器** centralizer】 用于扶正井下管柱使管柱在井筒居中的井下工具。可分为弹性扶正器和刚性扶正器两大类。按结构可分为滚轮式、滑块式、自动换向式等。

　　弹性扶正器由上接头、挡环、中心管、上保护套、上压弹簧、扶正块、扶正块弹簧、伸缩块、伸缩联杆、伸缩块隔离板、伸缩块隔离板销钉、下压弹簧、下保护套、挡环、下接头组成（见图）。设计的片状弹簧具有弹力大，形变量大的特点；片状弹簧经过调质处理不易断裂和永久变形。弹性扶正器可使封隔器在井筒中居中便于封隔器的起下作业。

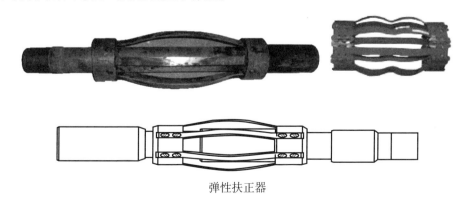

弹性扶正器

当扶正器入井经过大四通（大四通内径最大160mm、套管最大内径222mm）时，扶正块在大四通内壁的挤压作用下压缩扶正块弹簧先缩入伸缩块内，在油管重力的作用下，推动伸缩块沿着伸缩块隔离板向上移动进入伸缩块隔离板滑道内，上保护套向上移动，上压弹簧被压缩，扶正器通过大四通进入井筒，扶正块失去大四通内壁的挤压作用。扶正块在扶正块弹簧的作用下向外张开，伸缩块在上压弹簧的作用下沿着伸缩块隔离板向下移动离开伸缩块隔离板滑道向外张开，在套管内起到扶正作用；向外提时操作相反。

（蒲春生　郑黎明　于乐香　吴飞鹏）

【单流阀 non-return valve】 防止管路中介质倒流的阀门。又称单向阀、止回阀。单流阀通过油套管压差实现阀片开关，套管压力大于油管压力，阀片关闭，反之阀片打开。单流阀结构如图所示。

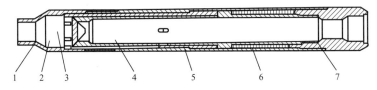

单流阀结构示意图

1—下接头；2—开关滑套下部；3—阀片；4—阀座；5—开关滑套上部；6—压簧；7—上接头

（蒲春生　郑黎明　于乐香　吴飞鹏）

【减振器 shock absorber】 一种连接在井下管柱中能吸收来自井底产生的垂直和旋转振动的井下工具。纵向减振器的结构包括带内筒的上接头、有八个排液孔的外筒、连接套、八个剪切销和一个下接头。剪切销把外筒下端和连接套上端连在一起形成剪切装置。

当射孔完后，强烈的爆轰波从井里传出，推动下接头和连接套向上运动，剪切销被剪断；弹簧被压缩从而吸收振动；外套管和内筒之间的环空被压缩，液体从排液孔流到套管，产生缓冲减少振动。

（蒲春生　郑黎明　于乐香　吴飞鹏）

# 附　录

石油科技常用计量单位换算表

| 物理量名称及符号 | 法定计量单位名称及符号 | | 非法定计量单位名称及符号 | | 单位换算 |
|---|---|---|---|---|---|
| | 名称 | 符号 | 名称 | 符号 | |
| 长度<br>$L$ | 米<br>海里 | m<br>n mile | 英寸 | in | 1in=25.4mm（准确值）<br>单位密耳（mil）或英毫（thou）有时用于代表"毫英寸" |
| | | | 英尺 | ft | 1ft=12in=0.3048m（准确值）<br>1ft（美测绘）=0.3048006m |
| | | | 码 | yd | 1yd=3ft=0.9144m |
| | | | 英里 | mile | 1mile=5280ft=1609.344m（准确值）<br>1mile（美）=1609.347m |
| | | | 密耳 | mil | 1mil=$2.54 \times 10^{-5}$m |
| | | | 海里<br>（只用于航程） | n mile | 1n mile=1852m |
| | | | 杆 | rd | 1rd=5.0292m |
| | | | 费密 | | 1费密=$10^{-15}$m |
| | | | 埃 | Å | 1Å=0.1nm=$10^{-10}$m |

续表

| 物理量名称及符号 | 法定计量单位名称及符号 | | 非法定计量单位名称及符号 | | 单位换算 |
|---|---|---|---|---|---|
| | 名称 | 符号 | 名称 | 符号 | |
| 面积<br>$A$, ($S$) | 平方米 | $m^2$ | 平方英寸 | $in^2$ | $1in^2=645.16mm^2$（准确值） |
| | | | 平方英尺 | $ft^2$ | $1ft^2=0.09290304m^2$（准确值） |
| | | | 平方码 | $yd^2$ | $1yd^2=0.83612736m^2$（准确值） |
| | | | 平方英里 | $mile^2$ | $1mile^2=2.589988km^2$<br>$1mile^2$（美测绘）$=2.589998km^2$ |
| | | | 英亩 | acre | $1acre=4046.856m^2$<br>$1acre$（美测绘）$=4046.873m^2$ |
| | | | 公顷 | ha | $1ha=10^4m^2$ |
| 体积<br>容积<br>$V$ | 立方米<br>升 | $m^3$<br>L | 立方英寸 | $in^3$ | $1in^3=16.387064cm^3$（准确值） |
| | | | 立方英尺 | $ft^3$ | $1ft^3=28.31685L^3$（准确值） |
| | | | 立方码 | $yd^3$ | $1yd^3=0.7645549m^3$（准确值） |
| | | | 加仑 | gal | $1gal$（英）$=277.420in^3=4.546092L$<br>（准确值）$=1.20095gal$（美）<br>$1gal$（美）$=3.785412L$ |
| | | | 品脱（英）<br>液品脱（美） | pt<br>liq pt | $1pt$（英）$=0.56826125L$（准确值）<br>$1liq\ pt$（美）$=0.4731765L$ |
| | | | 液盎司 | fl oz | $1fl\ oz$（英）$=28.41306cm^3$<br>$1fl\ oz$（美）$=29.57353cm^3$ |
| | | | 桶 | bbl | $1bbl$（美石油）$=9702in^3=158.9873L$ |
| | | | 蒲式耳（美） | bu | $1bu$（美）$=2150.42in^3=35.23902L$<br>$=0.968939bu$（英） |
| | | | 干品脱（美） | dry pt | $1dry\ pt$（美）$=0.5506105L^3$<br>$=0.968939pt$（英） |
| | | | 干桶（美） | bbl | $1bbl$（美）（干）$=7056in^3=115.6271L$ |

| 物理量名称及符号 | 法定计量单位名称及符号 | | 非法定计量单位名称及符号 | | 单位换算 |
|---|---|---|---|---|---|
| | 名称 | 符号 | 名称 | 符号 | |
| 速度<br>$u$，$v$，$w$，$c$ | 米每秒<br>节 | m/s<br>kn | 英尺每秒 | ft/s | 1ft/s=0.3048m/s（准确值） |
| | | | 英里每小时 | mile/h | 1mile/h=0.44704m/s（准确值） |
| | | | 英寸每秒 | in/s | 1in/s=0.0254m/s |
| 加速度 $a$<br>重力加速度 $g$ | 米每二次方秒 | $m/s^2$ | 英尺每二次方秒 | $ft/s^2$ | 1ft/s²=0.3048m/s²（准确值） |
| 质量<br>$m$ | 千克（公斤）<br>吨 | kg<br>t | 磅 | lb | 1lb=0.45359237kg（准确值） |
| | | | 格令 | gr | 1gr=1/7000lb=64.78891mg（准确值） |
| | | | 盎司 | oz | 1oz=1/16lb=437.5gr（准确值）=28.34952g |
| | | | 英担 | cwt | 1cwt（英国）=1 长担（美国）=112lb（准确值）=50.80235kg<br>1cwt（美国）=100lb（准确值）=45.359237kg |
| | | | 英吨 | ton | 1ton（英国）=1 长吨（美国）=2240lb=1.016047t<br>1ton（美国）=2000lb=0.9071847t |
| | | | 脱来盎司或金衡盎司 | oz（troy） | 1oz（troy）=480gr=31.1034768g（准确值） |
| | | | ［米制］克拉 | metric carat | 1metric carat=200mg（准确值） |
| 体积质量，<br>［质量］密度 $\rho$ | 千克每立方米<br>克每立方厘米 | $kg/m^3$<br>$g/cm^3$ | 磅每立方英尺 | $lb/ft^3$ | 1lb/ft³=16.01846kg/m³ |
| | | | 磅每立方英寸 | $lb/in^3$ | 1lb/in³=27679.9kg/m³，<br>1g/cm³=1000kg/m³ |
| 力<br>$F$ | 牛［顿］ | N | 达因 | dyn | 1dyn=10⁻⁵N（准确值） |
| | | | 磅力 | lbf | 1lbf=4.448222N |
| | | | 千克力 | kgf | 1kgf=9.80665N（准确值） |
| | | | 吨力 | tf | 1tf=9.80665×10³N |

续表

| 物理量名称及符号 | 法定计量单位名称及符号 | | 非法定计量单位名称及符号 | | 单位换算 |
|---|---|---|---|---|---|
| | 名称 | 符号 | 名称 | 符号 | |
| 力矩<br>$M$ | 牛<br>［顿］米 | N·m | 英尺磅力 | ft·lbf | 1ft·lbf=1.355818N·m |
| | | | 千克力米 | kgf·m | 1kgf·m=9.80665N·m（准确值） |
| 压力，压强<br>$p$ | 帕<br>兆帕 | Pa<br>MPa | 标准大气压 | atm | 1atm=101325Pa（准确值） |
| | | | 工程大气压 | at | 1at=1kgf/cm²=0.967841atm<br>=98066.5Pa（准确值） |
| | | | 磅力每平方英寸 | lbf/in²<br>（psi） | 1lbf/in²=6894.757Pa |
| | | | 千克力每平方米 | kgf/m² | 1kgf/m²=9.80665Pa（准确值） |
| | | | 托 | Torr | 1Torr=1/760atm=133.3224Pa |
| | | | 约定毫米水柱 | mm H₂O | 1mm H₂O=10⁻⁴at=9.80665Pa<br>（准确值） |
| | | | 约定毫米汞柱 | mm Hg | 1mm Hg=13.5951mm H₂O<br>=133.3224Pa |
| ［动力］黏度<br>$\mu$ | 帕秒 | Pa·s | 泊 | P | 1P=0.1Pa·s（准确值） |
| | | | 厘泊 | cP | 1cP=10⁻³Pa·s |
| | | | 千克力秒每平方米 | kgf·s/m² | 1kgf·s/m²=9.80665Pa·s |
| | | | 磅力秒每平方英尺 | lbf·s/ft² | 1lbf·s/ft²=47.8803Pa·s |
| | | | 磅力秒每平方英寸 | lbf·s/in² | 1lbf·s/in²=6894.76Pa·s |
| 运动黏度<br>$\nu$ | 米二次方每秒 | m²/s | 斯［托克斯］ | St | 1St=10⁻⁴m²/s（准确值） |
| | | | 厘斯 | cSt | 1cSt=10⁻⁶m²/s |
| | | | 二次方英尺每秒 | ft²/s | 1ft²/s=0.09290304m²/s |
| | | | 二次方英寸每秒 | in²/s | 1in²/s=6.4516×10⁻⁴m²/s |

续表

| 物理量名称及符号 | 法定计量单位名称及符号 | | 非法定计量单位名称及符号 | | 单位换算 |
|---|---|---|---|---|---|
| | 名称 | 符号 | 名称 | 符号 | |
| 能量<br>$E(W)$<br>功<br>$W(A)$ | 焦［耳］<br>千瓦<br>［小］时 | J<br>kW·h | 尔格 | erg | 1erg=1dyn·cm=$10^{-7}$J（准确值） |
| | | | 英尺磅力 | ft·lbf | 1ft·lbf=1.355818J |
| | | | 千克力米 | kgf·m | 1kgf·m=9.80665J（准确值），<br>1J=1N·m |
| | | | 英马力小时 | hp·h | 1hp·h=2.68452MJ |
| | | | 电工马力小时 | | 1 电工马力小时 =2.64779MJ |
| 功率<br>$P$ | 瓦［特］ | W | 英尺磅力每砂 | ft·lbf/s | 1ft·lbf/s=1.355818W |
| | | | 马力 | hp | 1hp=745.6999W |
| | | | ［米制］马力 | metric hp | 1metric hp=735.49875W（准确值） |
| | | | 电工马力 | | 1 电工马力 =746W |
| | | | 卡每秒 | cal/s | 1cal/s=4.1868W |
| | | | 千卡每小时 | kcal/h | 1kcal/h=1.163W |
| | | | 伏安 | V·A | 1V·A=1W |
| | | | 乏 | var | 1var=1W |
| 热力学温度 $T$<br>摄氏<br>温度 $t$ | 开<br>［尔文］<br>摄氏度 | K<br>℃ | 兰氏度 | °R | $1°R=\dfrac{5}{9}$ K |
| | | | 华氏度 | °F | $\dfrac{t_F}{°F}=\dfrac{9}{5}\dfrac{t}{℃}+32=\dfrac{9}{5}\dfrac{T}{K}-459.67$ |
| 热，热量<br>$Q$ | 焦［耳］ | J | 英制热单位 | Btu | 1Btu=778.169ft·lbf=1055.056J |
| | | | 15℃卡 | $cal_{15}$ | $1cal_{15}$=4.1855J |
| | | | 国际蒸汽表卡 | $cal_{IT}$ | $1cal_{IT}$=4.1868J<br>$1Mcal_{IT}$=1.163kW·h（准确值） |
| | | | 热化学卡 | $cal_{th}$ | $1cal_{th}$=4.184J（准确值） |
| 热流量<br>$\Phi$ | 瓦［特］ | W | 英制热单位每小时 | Btu/h | 1Btu/h=0.2930711W |

续表

| 物理量名称及符号 | 法定计量单位名称及符号 | | 非法定计量单位名称及符号 | | 单位换算 |
|---|---|---|---|---|---|
| | 名称 | 符号 | 名称 | 符号 | |
| 热导率（导热系数）$\lambda$,（$\kappa$） | 瓦［特］每米开［尔文］ | W/（m·K） | 英制热单位每秒英尺兰氏度 | Btu/（s·ft·°R） | 1Btu/（s·ft·°R）=6230.64W/（m·K） |
| | | | 卡每厘米秒开尔文 | cal/（cm·s·K） | 1cal/（cm·s·K）=418.68W/（m·K） |
| | | | 千卡每米小时开尔文 | kcal/（m·h·K） | 1kcal/（m·h·K）=1.163W/（m·K） |
| | | | 英热单位每英尺小时华氏度 | Btu/（ft·h·°F） | 1Btu/（ft·h·°F）=1.73073W/（m·K） |
| 传热系数$K$,（$k$）表面传热系数$h$,（$\alpha$） | 瓦［特］每平方米开［尔文］ | W/（m²·K） | 英制热单位每秒平方英尺兰氏度 | Btu/（s·ft²·°R） | 1Btu/（s·ft²·°R）=20441.7W/（m²·K） |
| | | | 卡每平方厘米秒开尔文 | cal/（cm²·s·K） | 1cal/（cm²·s·K）=41868W/（m²·K） |
| | | | 千卡每平方米小时开尔文 | kcal/（m²·h·K） | 1kcal/（m²·h·K）=1.163W/（m²·K） |
| | | | 英热单位每平方英尺小时兰氏度 | Btu/（ft²·h·°R） | 1Btu/（ft²·h·°R）=5.67826W/（m²·K） |
| 热扩散率$a$ | 平方米每秒 | m²/s | 平方英尺每秒 | ft²/s | 1ft²/s=0.09290304m²/s（准确值） |
| 质量热容，比热容$c$质量定压热容，比定压热容$c_p$质量定容热容，比定容热容$c_v$质量饱和热容，比饱和热容$c_{sat}$ | 焦［耳］每千克开［尔文］ | J/（kg·K） | 英制热单位每磅兰氏度 | Btu/（lb·°R） | 1Btu/（lb·°R）=4186.8J/（kg·K）（准确值） |

续表

| 物理量名称及符号 | 法定计量单位名称及符号 | | 非法定计量单位名称及符号 | | 单位换算 |
|---|---|---|---|---|---|
| | 名称 | 符号 | 名称 | 符号 | |
| 质量熵，比熵 $s$ | 焦［耳］每千克开［尔文］ | J/(kg·K) | 英制热单位每磅兰氏度 | Btu/(lb·°R) | 1Btu/(lb·°R)=4186.8J/(kg·K)（准确值） |
| 质量能，比能 $e$<br>质量焓，比焓 $h$ | 焦［耳］每千克 | J/kg | 英制热单位每磅 | Btu/lb | 1Btu/lb=2326J/kg（准确值） |
| 电流 $I$<br>交流 $i$ | 安［培］ | A | 毫安 | mA | 1mA=$10^{-3}$A |
| 电压，电位 $U$<br>电动势 $E$ | 伏［特］ | V | | | 1V=W/A |
| 电容 $C$ | 法［拉］ | F | | | 1F=1C/A |
| 电荷 $Q$ | 库［仑］ | C | | | 1C=1A·s<br>1A·h=3.6kC（用于蓄电池） |
| 磁场强度 $H$ | 安［培］每米 | A/m | | | |
| 磁通量 $\Phi$ | 韦［伯］ | Wb | | | 1Wb=1V·s |
| 渗透率 $K$ | 二次方微米毫达西 | $\mu m^2$ mD | 达西 | $D$ | 1D=1$\mu m^2$（准确值）<br>1mD=1×$10^{-3}$D |
| 物质浓度 $c$ | 摩［尔］每立方米摩［尔］每升 | mol/m³<br>mol/L | 体积摩尔浓度 | M | 1M=1mol/L<br>=1000mol/m³ |

# 条目汉语拼音索引

••••